BEI GRIN MACHT SICH IHR WISSEN BEZAHLT

- Wir veröffentlichen Ihre Hausarbeit, Bachelor- und Masterarbeit

- Ihr eigenes eBook und Buch - weltweit in allen wichtigen Shops

- Verdienen Sie an jedem Verkauf

Jetzt bei www.GRIN.com hochladen und kostenlos publizieren

Robert Lux, Mario Lichtenberg, Sebastian Schünemann, Jens Dietel

Aus der Reihe: e-fellows.net stipendiaten-wissen

e-fellows.net (Hrsg.)

Band 639

Mikrosystemtechnik - Branche und Technologien im Überblick

Ergebnisse einer Projektarbeit für den schnellen Einstieg in die Schlüsseltechnologie MST

GRIN Verlag

Bibliografische Information der Deutschen Nationalbibliothek:

Die Deutsche Bibliothek verzeichnet diese Publikation in der Deutschen National-
bibliografie; detaillierte bibliografische Daten sind im Internet über http://dnb.d-
nb.de/ abrufbar.

Impressum:

Copyright © 2012 GRIN Verlag GmbH
Druck und Bindung: Books on Demand GmbH, Norderstedt Germany
ISBN: 978-3-656-37319-3

Dieses Buch bei GRIN:

http://www.grin.com/de/e-book/198240/mikrosystemtechnik-branche-und-techno-
logien-im-ueberblick

Mikrosystemtechnik –

Branche und Technologien im Überblick

Beuth Hochschule für Technik Berlin

Fachbereich VIII – Maschinenbau, Verfahrens- und Umwelttechnik

Seminararbeit

Studiengang:	Master Maschinenbau - Produktionssysteme
Modul:	Operations Research, PPS und Simulationssysteme
Verfasser:	Dietel, Jens
	Lichtenberg, Mario
	Lux, Robert
	Schünemann, Sebastian
Studienhalbjahr:	Sommersemester 2012
Eingereicht am:	Montag, 09.07.2012

Inhaltsverzeichnis

Abbildungsverzeichnis

Tabellenverzeichnis

Abkürzungsverzeichnis

BMBF	Bundesministerium für Bildung und Forschung
IC	Integrierter Schaltkreis (engl. integrated circuit)
EEPROM	Electrically Erasable Programmable Read Only Memory (englische Benennung eines Flashspeichers)
GMM	Gesellschaft für Mikroelektronik, Mikrosystem und Feinwerktechnik (Fachverband des VDEs)
MCM	Multi-Chip-Modul (engl. MCP „Multi Chip Package")
MST	Mikrosystemtechnik
MSE	Mikrosystemelektronik
MEMS	Micro-electro-mechanical-systems (englische Benennung der Mikrosystemtechnik)
OLED	Organic Light Emitting Diode (Organische Leuchtdiode)
OR	Operations Research
PPS	Produktionsplanung und –steuerung
p/n	Positiv/Negativ (Polarisation von Transistorschichten)
SE	Systems Engineering
SMD	"surface-mounted-device"
SMT	"surface-mounting-technology"
THT	"through hole technology"
USB	Universal Serial Bus

Glossar

CAGR (engl. „compound average gross rate"): Wachstumsrate bzw. relative durchschnittliche Zunahme einer Größe über einen bestimmten Zeitraum. Für die Berechnung wird das geometrische Mittel genutzt, was der exponentiellen Entwicklung von natürlichen Wachstumsprozessen nahe kommt.

Mikro: (griech. „klein") Bezieht sich auf die Längeneinheit Mikrometer (µm), was 10^{-6} m entspricht. Wird von Mikro (engl. „micro") gesprochen, kann dies auch bedeuten, dass der mikroskopische, im Gegensatz zum makroskopischen, Bereich gemeint ist [MES04], [HIL06].

Nano: (griech. „Zwerg") Bezieht sich auf die Längeneinheit Nanometer (nm), was 10^{-9} m entspricht. Wird von Nano gesprochen, kann dies auch bedeuten, dass der Übergang vom mikroskopischen zum atomaren Bereich gemeint ist [MES04], [HES11].

System: Ein Gesamtprodukt, das aus mehreren Elementen, Beziehungen und Wechselwirkungen untereinander besteht. Das System ist zur Umwelt abgegrenzt, einzelne Parameter der Elemente oder gar das ganze System an sich können allerdings wiederum mit anderen Systemen in Beziehung stehen und agieren [MES04], [CHU09], [DAE02].

Mikrosystem: Ein Mikrosystem ist ein System, in dem ein oder mehrere Elemente ein Längenmaß von unter oder gleich einem Mikrometer (µm bzw. 10^{-6} m) aufweisen. Das besondere an Mikrosystemen ist die Integration von verschiedenen Funktionen, wie beispielsweise Sensoren, Aktoren und Signalverarbeitungseinheiten. So können Mikrosysteme auch als intelligente Systeme betrachtet werden, welche wie Lebewesen Sinne, Gehirn und Gliedmaßen besitzen [VOE06], [HIL06].

Mikrotechnik/Technik: Die zur Herstellung von Mikrosystemen notwendigen Verfahrensschritte bzw. Verfahren, um Mikrosysteme zu fertigen und zu montieren. Die Mikrosystemtechnik lässt sich in die Bereiche Mikrooptik, Mikromechanik, Mikroelektronik und Aufbau- und Verbindungstechnik (AVT) einteilen. Dazu gehören auch Systementwicklung, Systementwurf, Systemsimulation und Systementwurf [WEI11], [MES04], [SCH93].

AVT: Aufbau- und Verbindungstechnik, die dazu dient, die Bauelemente eines Mikrosystems miteinander zu vernetzen. Im Englischen wird auch von „packaging" oder „embedded systems" gesprochen [MES04] [VOE06], [WEI11].

SMD (engl. "surface-mounted-device"): Elektronische Bauelemente, die durch die sogenannte SMT direkt an der Oberfläche der Leiterplatte bzw. des Substrates miteinander verbunden sind [MES04] [VOE06], [WEI11].

SMT (engl. „surface-mounting-technology"): Oberflächenmontage von elektronischen Bauelementen, direkt auf der Leiterplatte bzw. dem Substrat. Vorteil ist das Wegfallen von Bohrungen und damit zusätzlichen Prozessen zur Bearbeitung der Leiterplatten [GLO11].

THT (engl. „through hole technology"): Durchsteckmontage von elektronischen Bauelementen, die durch Bohrungen in der Leiterplatte bzw. dem Substrat und Lot auf der Rückseite miteinander verbunden sind. Vorteil ist die hohe Stabilität der Verbindung [GLO11].

Monolithische Integration: Mikrosystemarchitektur, bei der sich ein einziges Mikrosystem auf einem Substrat befindet, auch Ein-Chip-Lösung genannt [HIL06].

Ingot: „Siliziumtropfen", Ausgangsrohteil zum Herstellen von Wafern. Durch ein schmelzverfahren wird eine kleine Zone induktiv erhitzt. Bei dem Verfahren werden Fremdstoffe verdampft und das reine Silizium bleibt an einem gezogenen Stab tropfenförmig hängen [GLO11].

Wafer (engl. „Oblate"): Siliziumscheiben, die aus einem Ingot gefertigt werden [GLO11].

Hybride Integration: Mikrosystemarchitektur, bei der sich mehrere Mikrosysteme, auch aus verschiedenen Werkstoffen, auf einem Substrat befinden. Diese Architekturform wird auch Multi-Chip-Modul (MCM, engl. MCP „Multi Chip Package") genannt. Herausforderung ist hierbei die Integration der unterschiedlichen Stoffeigenschaften [HIL06].

1 Einleitung

Smart-Phones, USB-Sticks, Touchscreens, Sensoren für Airbags, Taschenrechner und Laptops, alle diese Gegenstände haben eine Gemeinsamkeit: Sie sind mit Mikrosystemen bestückt und nur dank dieser in Form und Größe zu günstigen Preisen erwerbbar. Mit der Mikrosystemtechnik (MST) können miniaturisierte Bauteile durch Anwendung von verschiedenen Verfahren hergestellt und zu Systemen integriert werden. Die Entwicklung und Produktion von Mikrosystemen hat in den letzten Jahren fast unbemerkt einen großen Teil unseres Lebens beeinflusst. Der Technologiewandel ist dabei so rasant, dass es sich für Absolventen des Maschinenbaus lohnt, sich damit zu beschäftigen. Abbildung 1 deutet an, wie hoch die Beschleunigung allein bei den Transistoren ist.

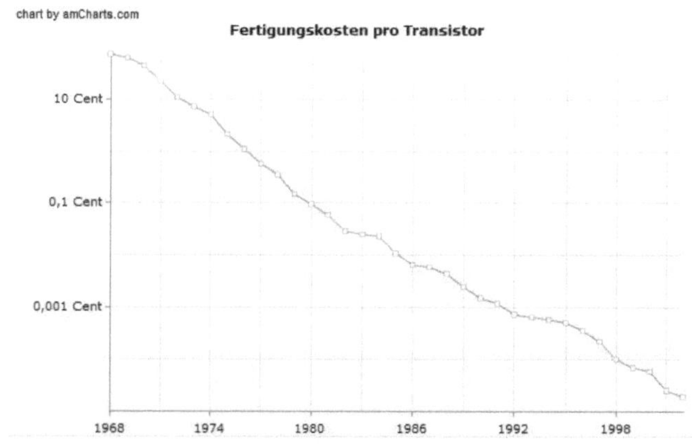

Abbildung 1: Fertigungskosten pro Transistor von 1968 bis 2002 [HAL12]

In diesem Bericht soll ein Überblick über die Branche der Mikrosystemtechnik gegeben, grundlegende Technologien und Rahmenbedingungen bekannt gemacht und aktuelle Potentiale Absolventen des Maschinenbaus aufgezeigt werden.

2 Begriffsklärung und Definitionen

Zunächst ist zu klären, was überhaupt unter dem Begriff Mikrosystemtechnik zu verstehen ist. In der Literatur gibt es zahlreiche Definitionen, jedoch kein einheitliches Verständnis.

Laut Hilgert ist ein Mikrosystem die Verknüpfung von Sensoren, Aktoren und Signalverarbeitung zu einem Gesamtsystem in miniaturisierter Form. Dieses System besitzt Eigenschaften, die einem intelligenten Wesen nahe kommen. Mindestens eine Komponente hat ein Längenmaß im Mikrometerbereich [HIL06].

Die Mikrosystemtechnik wird in der DIN-Norm 10991 als die Kombination von Mikrotechniken beschrieben. Dazu gehören unter anderem die Mikroelektronik, die Mikroaktorik, die Mikrofluidik der Verfahrenstechnik im Mikrometerbereich. Die Mikroverfahrenstechnik wird als die Verfahrenstechnik in technischen Apparaten im Mikrometer- bis zum Millimeterbereich definiert [DIN-10991].

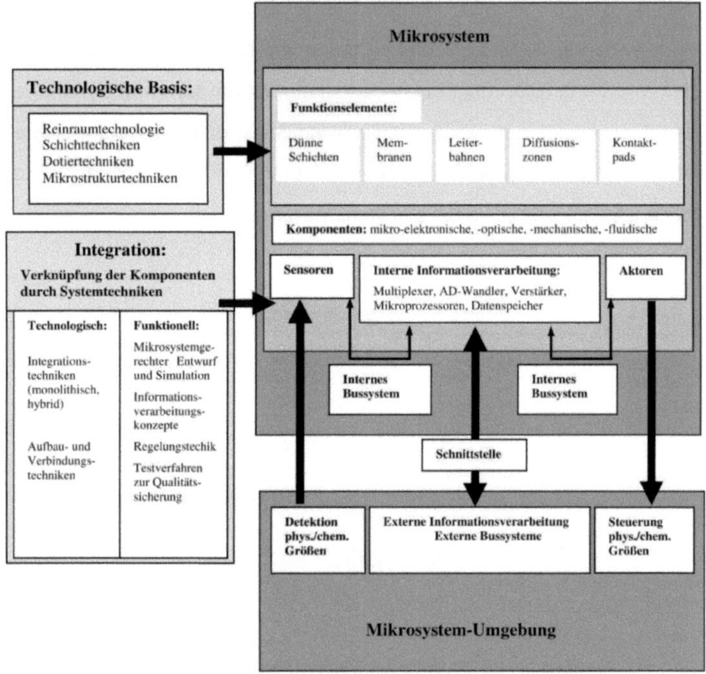

Abbildung 2: Schematischer Aufbau von Mikrosystemen [VOE06]

Ein Mikrosystem ist nach der DIN-Norm 32456 die Vereinigung von Mikrokomponenten. Diese können modular aufgebaut sein und können entweder hybrid oder monolithisch ausgeprägt sein [DIN-32546].

Die DIN-Norm 62047 bezeichnet die Mikrosystemtechnik pragmatisch als *„Technik im Zusammenhang mit Mikrobauteilen" [DIN-62047]*. In dieser Norm wird darauf hingewiesen, dass das Akronym MST meist in Europa, in den USA dagegen MEMS als Bezeichnung für Mikrosystemtechniken verwendet wird [DIN-62047].

Völklein spricht davon, dass die Besonderheit der MST im Systemgedanken begründet ist. Das Spezielle dieser Sichtweise ist die Erwartung, dass Mikrosysteme, bestehend aus verschiedensten Kleinstkomponenten, durch die Nutzung dieser als „Sinnesorgane" eine eigenständige Intelligenz gegeben wird. Außerdem bietet der Vorteil der winzigen Bauweise weitere resultierende, wie beispielsweise Skaleneffekte durch Produktion in großer Stückzahl bei gleicher Menge an Rohstoffverbrauch [VOE06]. In Abbildung 2 ist der schematische Aufbau von Mikrosystemen zusammengefasst dargestellt.

3 Die Branche der Mikrosystemtechnik – Wirtschaftliche Hintergründe

Die natur- und ingenieurwissenschaftliche Disziplin Mikrosystemtechnik, abgekürzt MST, hat ein hohes Innovationspotenzial für viele Branchen. Der Markt ist allerdings schwierig zu segmentieren oder zu quantifizieren. Die Gesellschaft für Mikroelektronik, Mikrosystem- und Feinwerktechnik, kurz GMM, schätzt den Hebeleffekt, der bei der Nutzung von Mikrosystemtechnik in Produkten existiert auf einen Faktor von 25 [ARN11]. Mikrosystemtechnik ist in alle Anwendungsindustrien eingebettet. In der Sensortechnologie, wie etwa Prozess-, Industrie- und Spezialsensoren, nimmt Deutschland international eine Spitzenposition ein. Ein Beispiel hierfür sind Beschleunigungssensoren, die unter anderem für Airbags enorm wichtig sind [AMA12].Die Mikrosystemtechnik wird im Rahmen deutschen Hightech-Strategie mit jährlich bis zu 80 Mio. € gefördert [CLU12].

3.1 Marktvolumen

Der weltweite Umsatz mit Mikrosystemtechnik betrug im Jahre 2011 mehr als 490 Mrd. US$, wobei der deutsche Anteil mit 93 Mrd. US$ % (19%) angegeben wird. Mikrosystemtechnik „made in germany", wird hierbei vor allem eingesetzt, um die traditionellen Exportbranchen, wie Maschinen- und Anlagenbau, Elektroindustrie, Automobilbau und Informations- und Kommunikationstechnik noch effizienter zu machen [ARN11].

3.2 Marktwachstum

Mit weiterhin zweistelligen Zuwachsraten des Weltmarktes ist laut dem Marktforschungsunternehmen Prognos für die nächsten Jahre zu rechnen. Damit einher steigt die Zahl der Beschäftigten der Branche bis 2020 um ein Viertel von derzeit 766.000 auf circa eine Million [ARN11].

3.3   Trends

Der Übergang zu Smartphones und zu vermehrter drahtloser Übertragung heizt die Nachfrage an. Das Marktforschungsunternehmen iSuppli rechnet damit, dass 2012 in etwa einem Drittel aller verkauften Mobiltelefone mindestens ein Mikrosystemteil eingebaut sein wird [ISU12]. Dazu gehören beispielsweise auch Mikrophone, GPS-Sender/Empfänger oder Bewegungssensoren. Im Automobilmarkt wird der Bedarf nach dem Einbruch 2008 und 2009 auch in den kommenden Jahren weiterhin anziehen. In Pkw der gehobenen Klasse finden sich heutzutage bereits mehr als 30 Mikrosensoren. Mit anziehender Kfz-Konjunktur, vor allem auf dem asiatischen Markt, und dem vermehrten Einsatz von Mikrosensoren auch in anderen Fahrzeugklassen soll die Nachfrage deutlich zunehmen [ARN11].

4 Anwendungsgebiete der Mikrosystemtechnik – Technische Hintergründe

Die wichtigsten Anwendungsfelder der Mikrosystemtechnik bilden die Bereiche [VOE06]:

- Medizintechnik (z.B. intelligente Dosiersysteme)
- Automobiltechnik (intelligente Sensoren)
- Haus- und Gebäudetechnik (Systeme für die Klimaüberwachung und -regelung)
- Umwelttechnik (chemische Sensorsysteme für Flüssigkeiten oder Gase)
- Produktionstechnik (z.B. Mikroreaktoren, in denen chemische Prozesse realisiert werden)
- Gentechnik und Biotechnologie (z.B. Gensensorik)
- Nanotechnologie (Werkzeuge zur Manipulation von Nanostrukturen).

Für die Mikrosystemtechnik eröffnen sich weitere Anwendungen in der IT-Technik, wie beispielsweise der USB-Stick. Diese Geräte besitzen einen eingebauten Datenspeicher. Der sogenannte Flashspeicher besteht aus nur einem elektronischen Bauteil, dem sogenannten EEPROM. Durch höhere Spannungsimpulse zwischen 10 – 18 Volt kann ein EEPROM gelöscht und beschrieben werden. Ein EEPROM besteht aus den sogenannten Feldeffekttransistoren. Jedes Bit entspricht dabei einem Transistor. Zum Speichern von Daten werden elektrisch positive Impulse an diese Feldeffekttransistoren gesendet. Diesen Zustand behalten Feldeffekttransistoren eine sehr lange Zeit bei. Zum Löschen der EEPROMs wird eine höhere negative Spannung verwendet. Nach Durchbrechen der Isolierschicht im Feldeffekttransistor wird der Speicherzustand aufgehoben. Der Transistor ist danach wieder elektrisch neutral [COM12].

Fragen der Zuverlässigkeit und Qualitätssicherung sowie des Langzeitverhaltens von Mikrosystemen sind bisher nur unzureichend untersucht. Vielfach fehlen entsprechende Datenbasen für eine solide Zuverlässigkeitsbewertung. Für den Markterfolg werden diese Fragen von entscheidender Bedeutung sein [VOE06].

Auch die Art der Systemintegration (monolithisch oder hybrid) wird zunehmend von wirtschaftlichen Rahmenbedingungen, anstatt der technologischen Realisierbarkeit bestimmt werden. Die Möglichkeit der Nutzung von Zukaufteilen wird an Relevanz gewinnen. Die monolithische Integration komplexer Systeme wird lediglich bei sehr hohen Stückzahlen wirtschaftlich sein. Es überwiegt eindeutig die hybride Integration von Komponenten aus sehr unterschiedlichen Fertigungsumgebungen [VOE06].

Sensorsysteme mit integrierter bzw. intelligenter Signalverarbeitung werden nach wie vor einen bedeutenden Anteil im Spektrum der mikrosystemtechnischen Produkte bilden. Sie stellen die bisher kommerziell erfolgreichsten Mikrosysteme dar und besitzen auch in der Zukunft ein beträchtliches Wachstumspotential [VOE06].

Bei der Entwicklung und Herstellung innovativer Produkte wird die Mikrosystemtechnik nach Einschätzung vieler Experten eine Schlüsseltechnologie für das 21. Jahrhundert sein. Deshalb wird auch die Forschung und Entwicklung auf diesem Gebiet u.a. durch zahlreiche nationale und internationale Förderprogramme vorangetrieben. In Deutschland geschieht dies z.B. durch BMBF-Förderprogramme. Auf Europäischer Ebene werden die MST-Aktivitäten durch verschiedene Netzwerke zur Forschungsförderung bzw. zur Weiterbildung vorangetrieben, so z. B. durch das „Network of Excellence in Multifunctional Microsystems" (NEXUS) [VOE06].

4.1   Technologien der Mikrosystemtechnik

Die Grundlage für die Herstellung komplexer Schaltungen, wie Mikroprozessoren oder Speicherbausteine bildet die hochentwickelte Prozesstechnik der Silizium-Halbleitertechnologie. Nicht nur die Mikroelektronik sondern auch die Mikromechanik verwendet die modernen Technologien. Mit den gleichen Einrichtungen und Anlagen aus der Mikroelektronik lassen sich bewegliche mechanische Komponenten wie Membranen, Mikromotoren und Getriebe herstellen. Im Bereich der integrierten Optik werden Lichtwellenleiter im Mikrometermaßstab verwendet, die mit den Abscheide-, Ätz- und Lithografieverfahren aus der Mikroelektronik hergestellt werden [HIL06].

4.2 Verwendete Materialien

Tabelle 1: Wichtige Substratmaterialien in der Mikrosystemtechnik [VOE06]

Substratmaterial	Relevante Eigenschaften
Silizium	Halbleitermaterial (p/n-dotierbar), hochtemperaturstabil, resistent gegen Umwelteinflusse, gute mechanische Eigenschaften, Isolator nach thermischer Oxidation, glatte Oberflachen, kostengünstig, bietet Möglichkeiten zur anisotropen Ätzung (Nassätzverfahren, Plasmaätzverfahren)
Quarz	hohe UV-Transparenz, elektrischer Isolator, hohe chemische Resistenz, hohe Härte, piezoelektrisch, hochtemperaturstabil
Verbindungshalbleiter	einige mit direkter Bandlücke (Lichtemitter) und sehr hoher Elektronenbeweglichkeit, einige piezoelektrisch, einige zeigen linearen elektrooptischen Effekt
Diamant	niedriger thermischer Ausdehnungskoeffizient, hohe Wärmeleitfähigkeit, große Bandlücke, hohe mechanische Härte, hervorragende chemische Resistenz, hoher Brechnungsindex, gute Strahlenresistenz
Photostrukturiertes Glas	Photostrukturierbarkeit, chemische Resistenz, Hochtemperaturstabilität, wahlweise optische Transparenz oder geschwärzte Keramik
Polymere	Verwendbarkeit für Replikationsprozesse, kostengünstig, optische Transparenz, Verbesserung mechanischer oder elektrischer Eigenschaften durch Füllstoffe

In der Mikrosystemtechnik werden unterschiedlichste Materialien, in Form von Substraten, dünnen strukturierten Schichten, galvanisch aufgewachsenen Strukturen oder physikalisch/ chemisch sensitive Elemente verwendet. Die physikalischen Wandlungseffekte oder die chemischen Eigenschaften werden dabei gezielt ausgenutzt, um eine besondere Funktionalität des Bauteils zu erreichen [VOE06].

Historisch bedingt spielt Silizium als Substratmittel oder als abgeschiedene Schicht in den letzten Jahren die größte Rolle in der Mikroelektronik. Neben den halbleitenden Eigenschaften waren auch die außerordentlichen mechanischen, thermischen und chemischen Eigenschaften von großem Interesse. In zunehmendem Maß werden neben Silizium auch andere Materialien mit bestimmten Eigenschaften als Substrat eingesetzt. Tabelle 1 zeigt eine Übersicht über wichtige Substartmaterialien und deren Eigenschaften [VOE06].

Für Absolventen des Maschinenbaus bietet die MST-Branche zahlreiche Möglichkeiten. Vor allem die Systemintegration mit der dazugehörigen Produktion bietet Arbeitsplätze und Weiterentwicklungsmöglichkeiten. Ein Blick über den „makroskopischen" Tellerrand lohnt sich.

Literaturverzeichnis

[AHR08]   Ahrens, Christin: Kurzmarktstudie zu Trends und Perspektiven des RFID-Einsatzes - Eine empirische und qualitative Untersuchung zu Wachstums-branchen, Anwendungsschwerpunkten und Megatrends im RFID-Umfeld, bewertet aus Anbietersicht. Fraunhofer Institut für integrierte Schaltungen. Online abrufbar über: http://www.bm-tricon.de/images/doku/marktstudie_rfideinsatz.pdf, - zuletzt geprüft am: 06.07.2012. Erlangen: 2008.

[ARN11]   Arndt, Olaf: Wertschöpfungs- und Wettbewerberanalyse für den Spitzen-cluster MicroTEC Südwest. Prognos AG. Online abrufbar über: http://www.microtec-suedwest.de/fileadmin/MST_BW_Studien/111219-Prognos_Wertsch%C3%B6pfungs-_und_Wettbewerberanalyse_MicroTEC_S%C3%BCdwest-final.pdf - zuletzt geprüft am: 08.07.2012. Bremen/Düsseldorf: 2011.

[BAD11]   Baden-Württemberg International Gesellschaft für internationale wirt-schaftliche und wissenschaftliche Zusammenarbeit mbH: Mikrosystem-technik – Branchenüberblick. Online abrufbar über: http://www.bw-i.de/fileadmin/user_upload/redbw-i/Informationsmaterialien/Brancheninformationen/Microsystems_Technology.pdf, - zuletzt geprüft am: 01.07.2012.

[BEH74]   Behrendt, V. et.al: Begriffsdefinition für komplexe Systeme mit besonderer Berücksichtigung der Zustands- und Zielanalyse. In: Analysen und Progno-sen: 1974.

[BMB10]   Bundesministerium für Bildung und Forschung (BMBF), Referat Mikrosys-temtechnik: Integrierte Intelligenz - Perspektiven der Mikrosystemtechnik 2010. Bonn, Berlin: 2010.

[BMB04]   Bundesministerium für Bildung und Forschung (BMBF), Referat Mikrosys-temtechnik: Faszinierende Welt der Mikrosysteme. Bonn, Berlin: 2004.

[COM12]   USB-Stick Funktionsweise und Aufbau. Online abrufbar über: http://www.comptech-info.de/component/content/article/46-computer-infos/160-flash-speicher-was-ist-das, - zuletzt geprüft am: 08.07.2012.

[CHU09]   Churchman, C.W.: An Approach to general system theory. In: Systemtheorie und Systemtechnik, ntw verlag pp 104-106. Online abrufbar über: http://tfh.konzeptpiraterie.de/download/systheo.pdf, - zuletzt geprüft am: 08.07.2012. Berlin: 2009.

[DAE02]   Daenzer, Walter: Systems Engineering - Methodik und Praxis. 11. Auflage. Orell Füssli Verlag. Zürich: 2002.

[DIN-32564]   Deutsches Institut für Normung e.V.: Normenreihe DIN 32564 - Fertigungsmittel für Mikrosysteme. Beuth Verlag. Berlin: Mai 2004.

[DIN-62047]   Deutsches Institut für Normung e.V.: Normenreihe DIN EN 62047 - Halbleiterbauelemente - Bauteile der Mikrosystemtechnik. Beuth Verlag. Berlin: Oktober 2006.

[DIN-10991]   Deutsches Institut für Normung e.V.: DIN EN ISO 10991 - Mikroverfahrenstechnik – Begriffe. Beuth Verlag. Berlin: März 2010.

[ENG06]   Entwicklung von Fertigungsverfahren zur kompletten Bearbeitung von Germanium. Diplomarbeit der Technischen Universität Darmstadt. Online abrufbar über: http://webdocs.gsi.de/~wolle/PEOPLE/DIPL/Diplomarbeit_TE.pdf, - zuletzt geprüft am: 04.07.2012. Darmstadt: 2006.

[HAL12]   Halbleiter.org: Halbleitertechnologie von A bis Z. Online abrufbar über: http://www.halbleiter.org/, - zuletzt geprüft am: 08.07.2012.

[HES11]   Hessisches Ministerium für Wirtschaft, Verkehr und Landesentwicklung: Mikro-Nano-Integration - Einsatz von Nanotechnologie in der Mikrosystemtechnik. Erstellt vom mst-netzwerk Rhein-Main e.V.. Wiesbaden: 2011.

[HIL06]   Hilleringmann, Ulrich: Mikrosystemtechnik - Prozessschritte, Technologien, Anwendungen. 1. Auflage. Teubner Verlag. Wiesbaden: 2006.

[GLO11]   Globisch, Sabine: Lehrbuch Mikrotechnologie - für Ausbildung, Studium und Weiterbildung. 1. Auflage. Hanser Verlag. München: 2011.

[IVA10]   IVAM Research: Normen und Standards für die Mikrosystemtechnik - Bedarf, Strategien, Maßnahmen. Verbundprojekt „NOSTA: Normen und Standards für die Mikrosystemtechnik". Online abrufbar über: http://www.ivam.de/research/surveys/mems_standardization, - zuletzt geprüft am: 02.07.2012. Dortmund: 2010.

[LAN09]   Langenbeck, Peter: Wirtschaftliche Mikrobearbeitung – Wege zu Perfektion mit Luftlagertechnik und optischer Messtechnik. 1. Auflage. Hanser Verlag. München: 2009.

[MES04]   Mescheder, Ulrich: Mikrosystemtechnik – Konzepte und Anwendungen. 2. Auflage. Teubner Verlag. Wiesbaden: 2004.

[MIS04a]   Mischnick, Stephan: Die Lochrasterplatine. Online abrufbar über: http://www.strippenstrolch.de/1-1-3-die-lochrasterplatine.html, - zuletzt geprüft am: 08.07.2012. Wahrenholz: 2004.

[MIS04b]   Mischnick, Stephan: Das Isolationsfräsen. Online abrufbar über: http://www.strippenstrolch.de/1-1-6-das-isolationsfraesen.html, - zuletzt geprüft am: 08.07.2012. Wahrenholz: 2004.

[MIS05]   Mischnick, Stephan: Die geätzte Platine. http://www.strippenstrolch.de/1-1-4-die-geaetzte-platine.html, - zuletzt geprüft am: 08.07.2012. Wahrenholz: 2005.

[SCH06]   Schilp, Michael: Auslegung und Gestaltung von Werkzeugen zum berührungslosen Greifen kleiner Bauteile in der Mikromontage. Dissertation der Technischen Universität München. Online abrufbar über: http://www.iwb.tum.de/iwbmedia/Downloads/Publikationen/iwb_Forschungsberichte/Schilp_M.pdf, - zuletzt geprüft am: 04.07.2012 . München: 2006.

[SCH07]   Schlaak, Helmut: Trends der Mikrosystemtechnik. Online abrufbar über: http://www.hessen-nanotech.de/mm/4NTF_F1_Schlaak.pdf, - zuletzt geprüft am: 01.07.2012. Technische Universität Darmstadt: 2007.

[SCH12]   Schulz, Werner: Gedruckte Elektronik kommt über mehr Systemintegration zum Anwender. In: VDI-Nachrichten, Nr. 18 vom 04.05.2012, S. 8. Online abrufbar über: http://www.vdi-nachrichten.com/artikel/Gedruckte-Elektronik-kommt-ueber-mehr-Systemintegration-zum-Anwender/58551/2, - zuletzt geprüft am: 17.05.2012. Düsseldorf: 2012.

[SCH93]   Schwarz, Peter: Simulation von Mikrosystemen. Fraunhofer-Institut für Integrierte Schaltungen Erlangen. 2. GME/ITG-Diskussionssitzung "Entwicklung von Analogschaltungen mit CAE-Methoden", TU Ilmenau, S. 247-256. 16. und 17. März 1993.

[VDI-3715]   Verein deutscher Ingenieure: VDI/VDE-Richtlinie 3715 - Prozeßmeß- und Prüftechnik für Leiterplattenbaugruppen in SMD-Technik. Redaktion VDI-Richtlinien. Düsseldorf: Mai 1995.

[VDI-3712]   Verein deutscher Ingenieure: VDI/VDE-Richtlinie 3712 - Leiterplattenbestückung; Bestimmung der Genauigkeit und der Leistung von SMD-Bestückungsautomaten. Redaktion VDI-Richtlinien. Düsseldorf: September 1991.

[VDI-2422]   Verein deutscher Ingenieure: VDI/VDE-Richtlinie 2422 - Entwicklungsmethodik für Geräte mit Steuerung durch Mikroelektronik. Redaktion VDI-Richtlinien. Februar 1994.

[VOE06]   Völklein, Friedemann: Praxiswissen Mikrosystemtechnik- Grundlagen – Technologien – Anwendungen. 2., vollständig überarbeitete und erweiterte Auflage. Vieweg Verlag. Wiesbaden: 2006.

[WEI11]   Weiner, Andreas: Projekt Mikrosystemtechnik – Projektwiki. Online abrufbar über: http://www.zdt.uni-hannover.de/index.php/Projekt_Mikrosystemtechnik, - zuletzt geprüft am: 27.06.2012. Hannover: 2011.

[WIL07]   Wilke, Werner: Die Herausforderung hat einen Namen: Smart System Integration. In: IVAM Zeitschrift – Schwerpunkt Systemintegration, Nr. 37. Online abrufbar über: http://www.ivam.de/news/inno/article_1031, - zuletzt geprüft am: 02.07.2012. Dortmund: 2007.

[ZEN11]   Zengerle, : Mikrosystemtechnik - Technologien und Prozesse. Online abrufbar über: http://www.imtek.de/anwendungen/content/upload/vorlesung/2007/R/mst_t&p_01__einfuehrung.pdf, - zuletzt geprüft am: 29.05.2012. IMTEK, Universität Freiburg: 2011.

Anhang 1 – Anforderungen und Aufgabenstellung

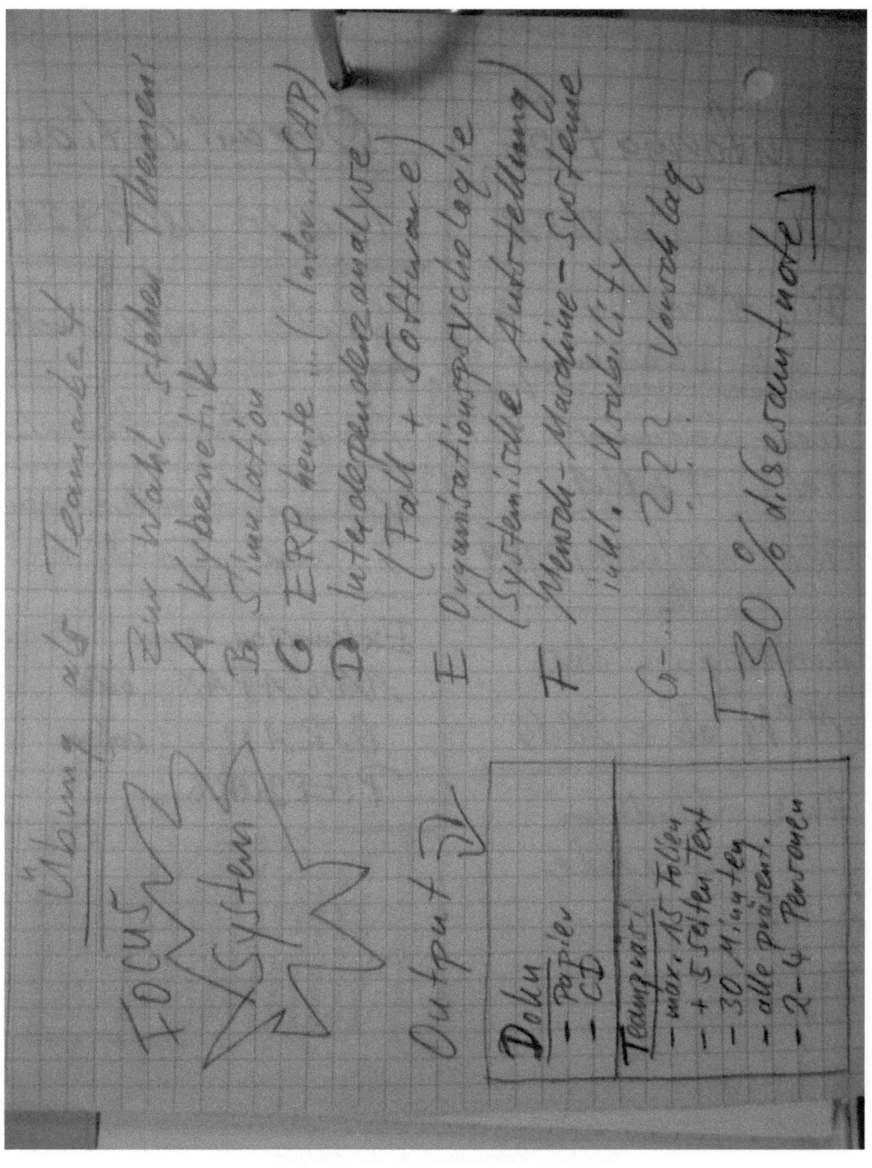

Abbildung 3: Informationen zur Übungsaufgabe

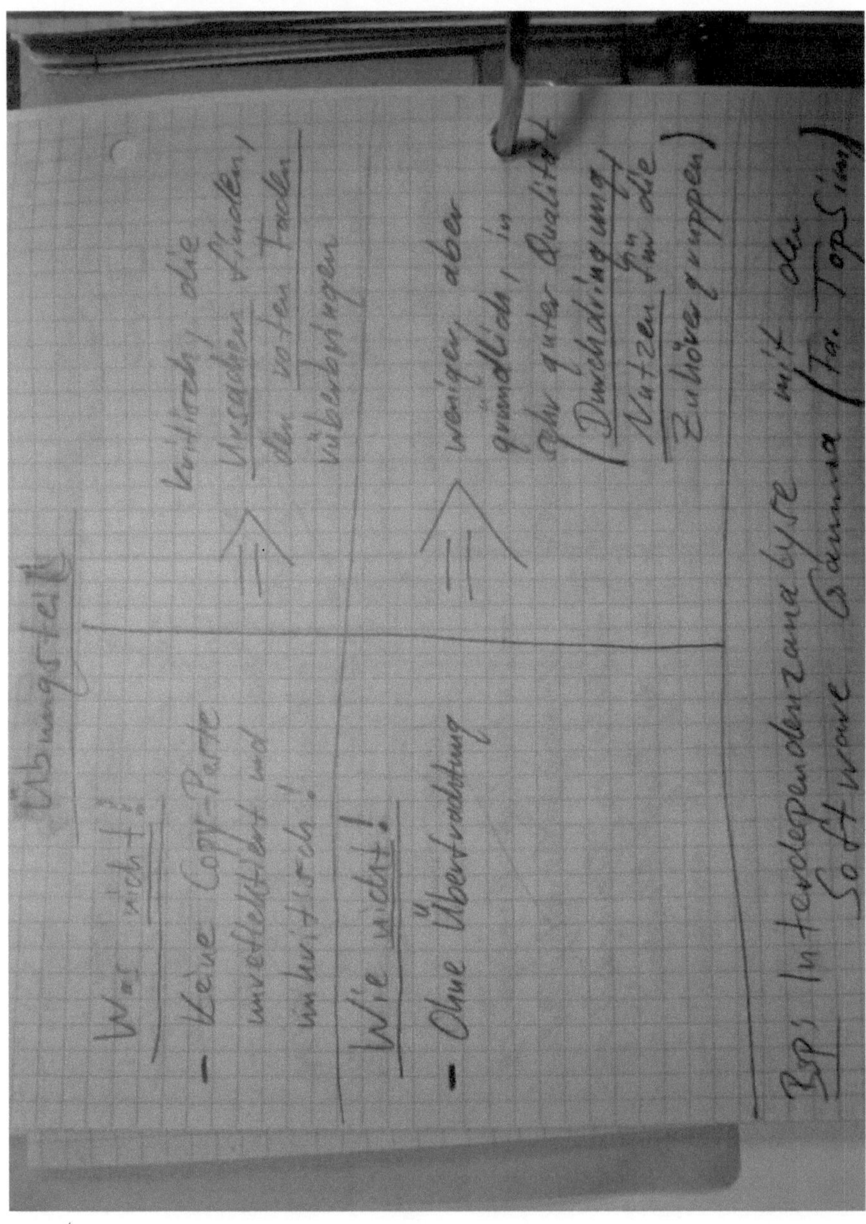

Abbildung 4: Anforderungen der Übungsaufgabe

Anhang 2 - Skizzen und Projektplanung

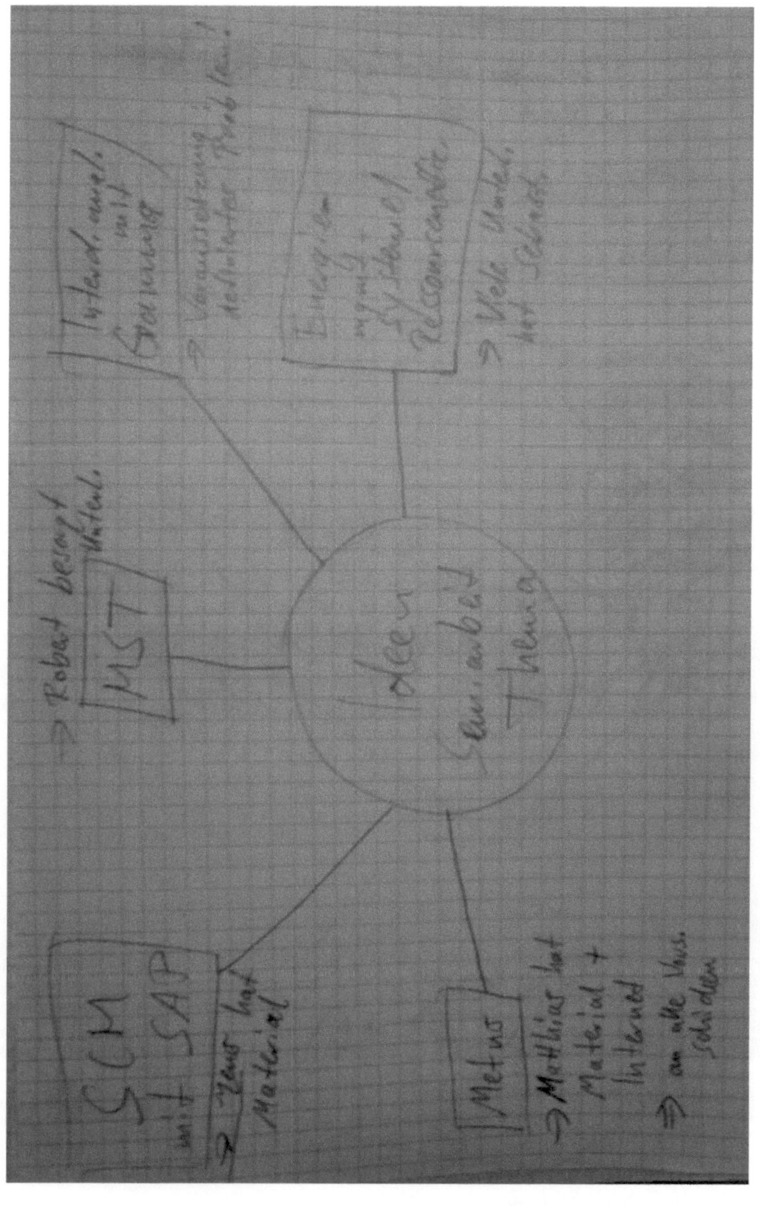

Abbildung 5: Mindmap der Ideensammlung zum Übungsthema

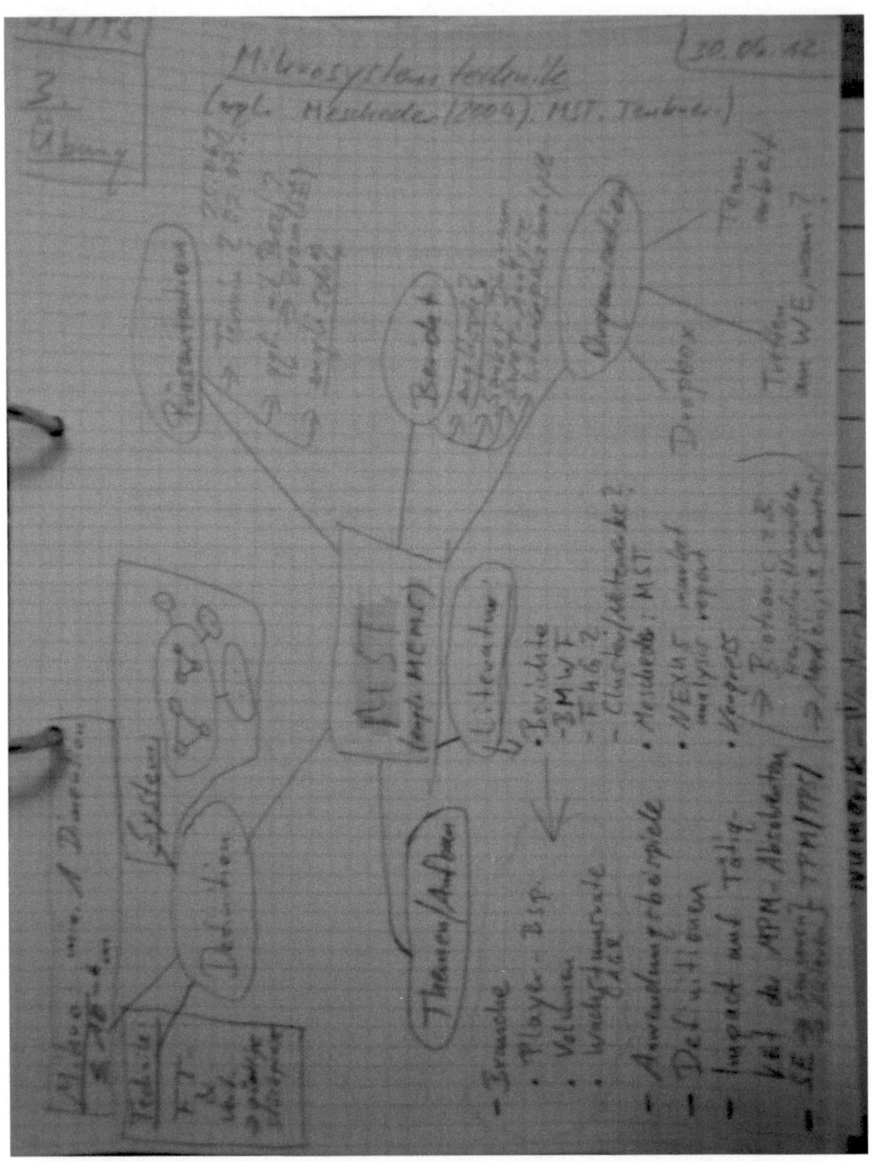

Abbildung 6: Mindmap MST – Arbeitspakete

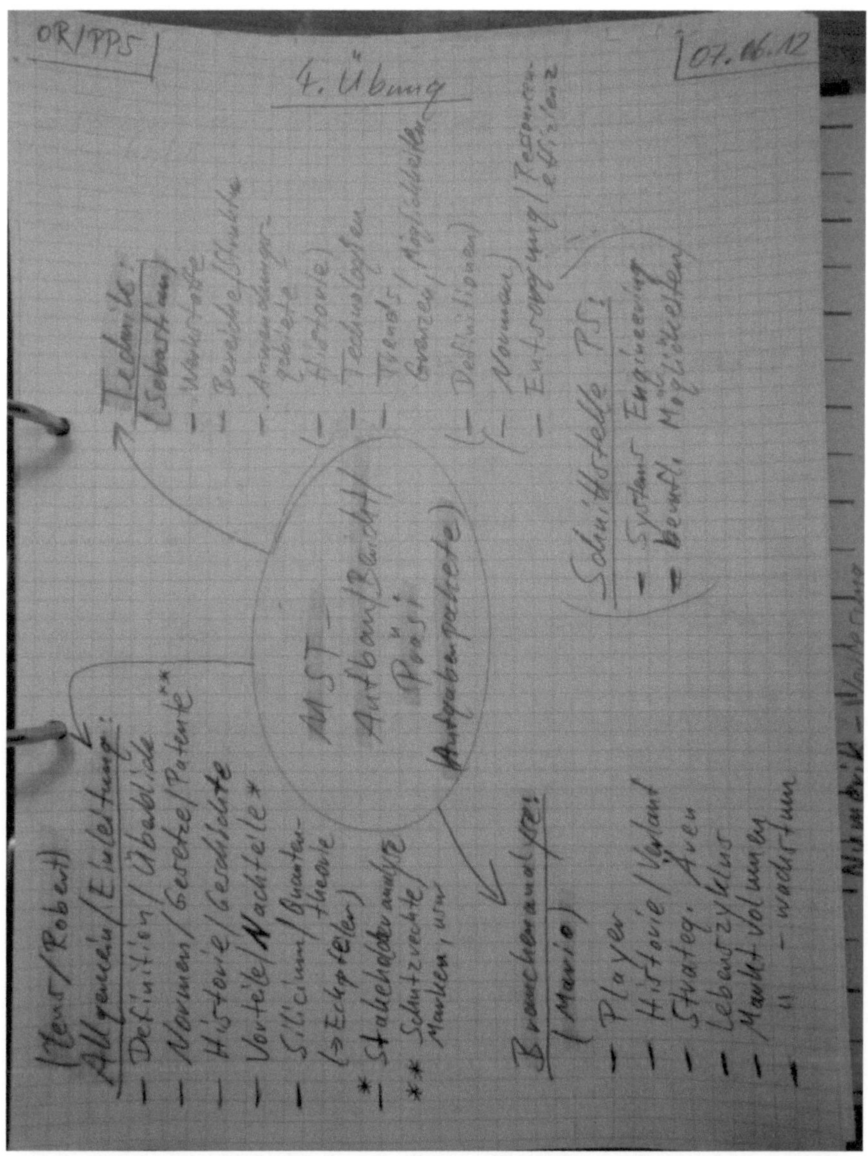

Abbildung 7: Mindmap MST Berichtinhalt - Verteilung der Arbeitspakete

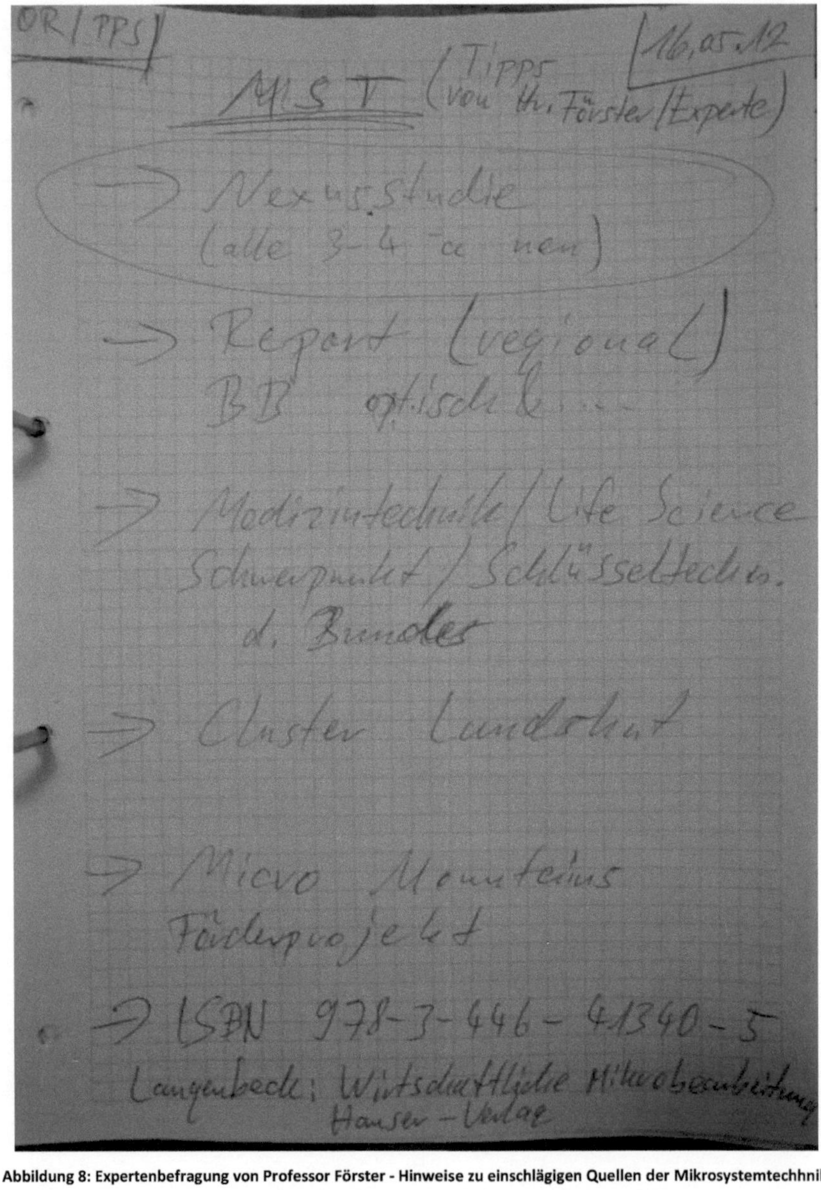

OR / TPS |

M.S.T (Tipps von Th. Förster (Experte)) 16.05.12

→ Nexusstudie (alle 3-4 "ca nen")

→ Report (regional) BB optische ...

→ Medizintechnik / Life Science Schwerpunkt / Schlüsseltechn. d. Brandes

→ Cluster Landshut

→ Micro Mountains Förderprojekt

→ ISBN 978-3-446-41340-5
Langenbeck: Wirtschaftliche Mikrobearbeitung Hanser-Verlag

Abbildung 8: Expertenbefragung von Professor Förster - Hinweise zu einschlägigen Quellen der Mikrosystemtechhnik

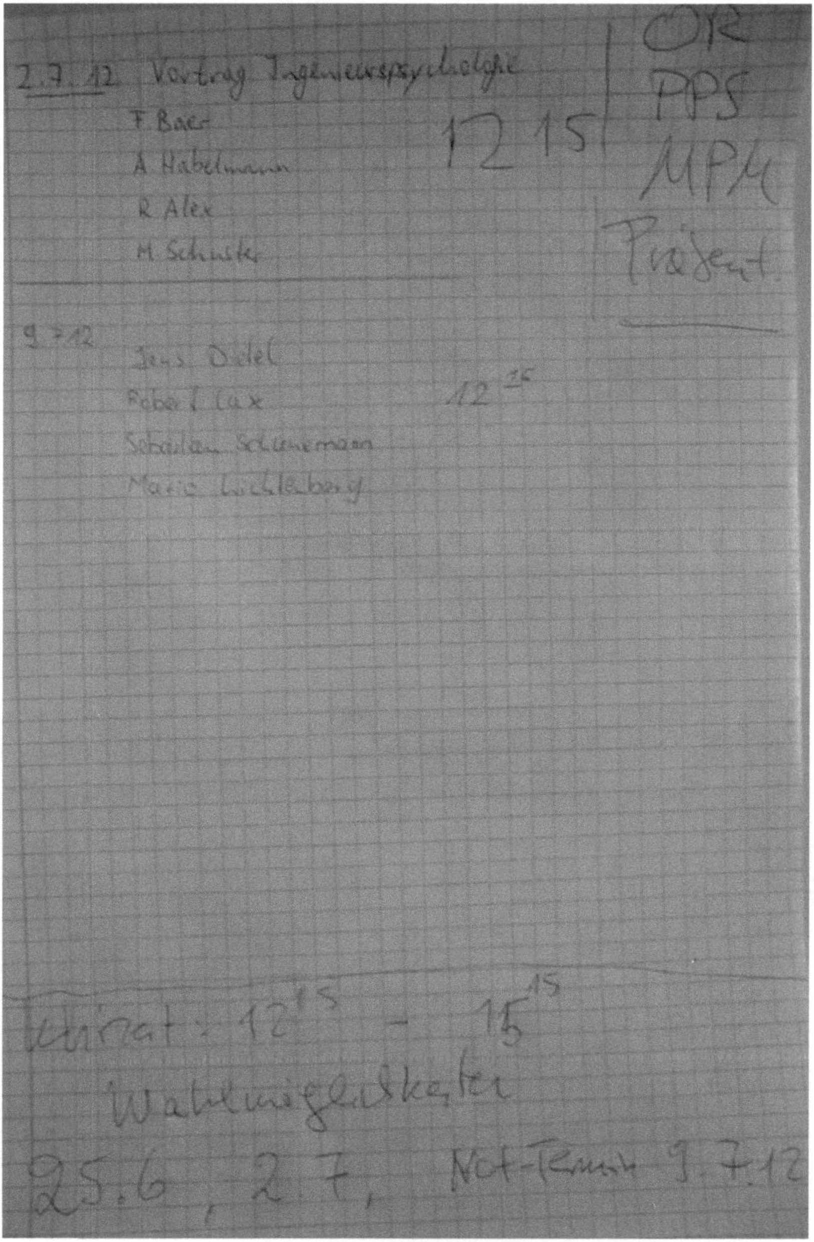

Abbildung 9: Präsentationstermin

Anhang 3 – Kontaktadressen von Statistiken und Marktforschung

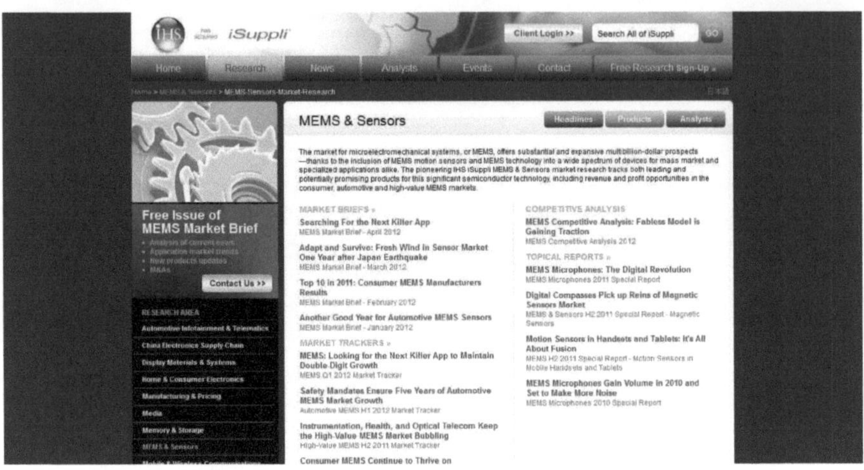

Abbildung 10: Market research of microelectromechanical systems
Website: http://www.isuppli.com/MEMS-and-Sensors/Pages/Products.aspx

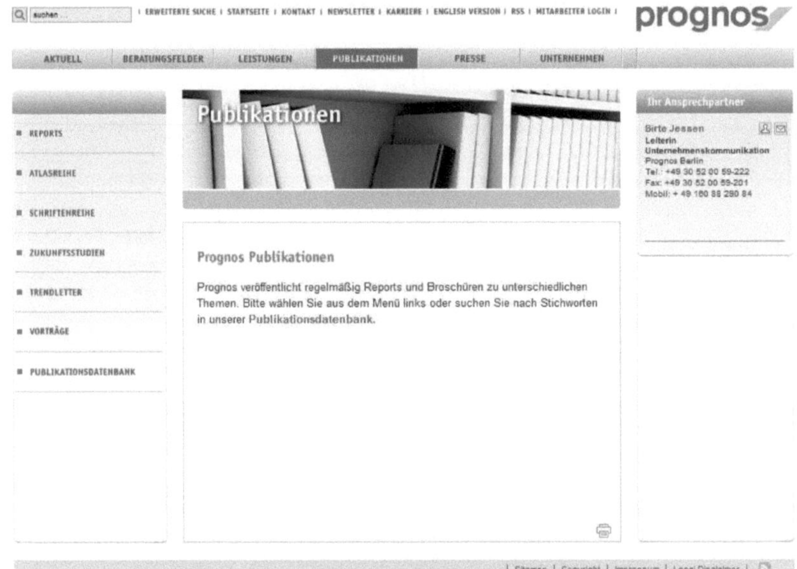

Abbildung 11: Publikationsdatenbank und Technologieberatung von prognos
Webseite: http://www.prognos.com/Publikationen.6+M54a708de802.0.html

Anhang 4 – Kontaktadressen von Dachverbänden und Netzwerken

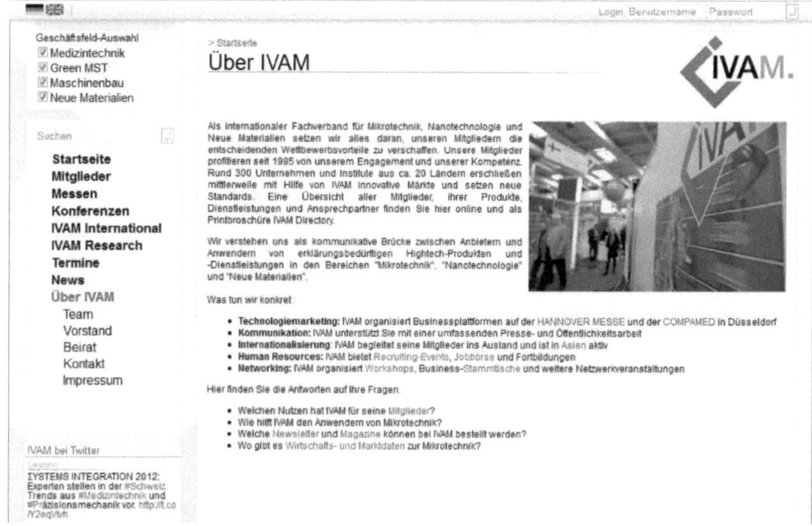

Abbildung 12: Internationaler Fachverband für Mikrotechnik, Nanotechnologie und Neue Materialien (IVAM)
Webseite: http://www.ivam.de/

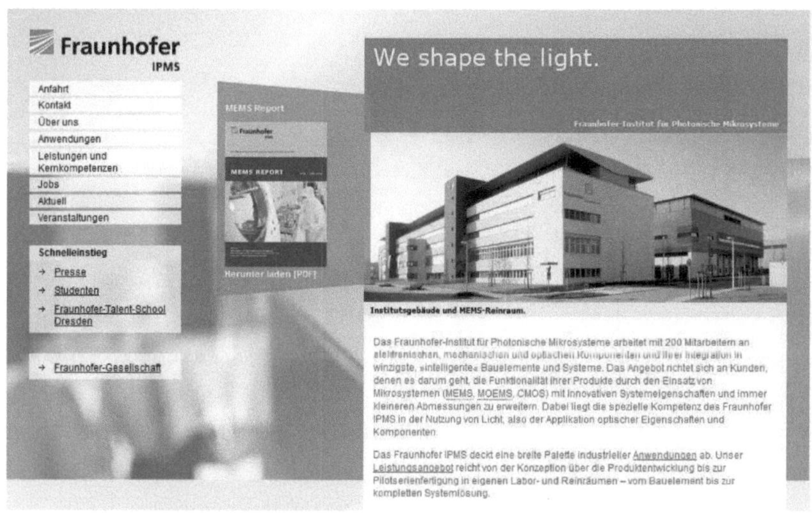

Abbildung 13: Fraunhofer-Institut für Photonische Mikrosysteme (IPMS)
Webseite: http://www.ipms.fraunhofer.de/

Abbildung 14: Fraunhofer-Institut für Zerstörungsfreie Prüfverfahren (IZFP)
Webseite: http://www.izfp-d.fraunhofer.de

Abbildung 15: Fraunhofer-Institut für Zuverlässigkeit und Mikrointegration (IZM)
Webseite: http://www.izm.fraunhofer.de/

NEXUS Microsystems

NEXUS homepage

Search

NEXUS is a European Network with the aims of providing Microsystems / MEMS
professionals with:
* high-level networking opportunities through the regular strategy and roadmapping
meetings, thematic workshops and other specialist events.
* access to strategic guidance through reports containing the most up-to-date analysis of
markets, technologies, applications and long-term trends.
* information on European projects, events and initiatives.

NEXUS had been launched as a European Microsystems Network in the early 1990s and
later been incorporated into an Association based in Grenoble, France (2001) and moved
to Neuchatel, Switzerland (2006). With the termination of two EC projects, NEXUS

**Abbildung 16: NEXUS – European Network for Microsystems / MEMS related Activities
Webseite: http://nexus-mems.com/**

GEFÖRDERT VOM

Bundesministerium
für Bildung
und Forschung

Ideen zünden!

NKS
Mikrosystemtechnik

Startseite

Aktuelles

Forschung auf EU Ebene

MST im Rahmenprogramm

Kontakte

MST in Europa

Links

Impressum

Laufende ICT-Projekte im
FP7

Herzlich willkommen bei Ihrer Nationalen Kontaktstelle Mikrosystemtechnik

Im Auftrag des Bundesministeriums für Bildung und
Forschung bietet Ihnen die VDI/VDE Innovation + Technik
GmbH

VDI | VDE | IT

über diese Internetseiten und auch persönlich

- Informationen über Ausschreibungen im
EU-Forschungsrahmenprogramm
- Beratung zu Themenvorschlägen zum Antragsverfahren
- Unterstützung bei vertraglichen Fragen.

Aktuelle Informationen zu MST Themen im
Forschungsrahmenprogramm bedienen wir mit dem
elektronischen Newsletter von mstonline. Hier können
Sie unaufwändig Ihre eMail Adresse eintragen: mstonline
- newsletter.

Sprechen Sie uns an! -> Kontakte

Aktuelles

Ergebnisüberblick zum 8. IKT-Aufruf im 7. FRP
veröffentlicht
Am 20. Juli 2011 wurde die 8. IKT-Ausschreibung im 7.
FRP geöffnet. Die Einreichungsfrist endete am 17. Januar
2012. Der Ergebnisüberblick liegt jetzt vor.

Ein Haushalt für "Europe 2020"
Vorschlag der Kommission zum neuen Mehrjährigen
Finanzrahmen 2014-2020

Smart Systems Integration 2012
Internationaler Kongress und Ausstellung in Zürich, 21. -
22.03.2012

Ausschreibungsfrist des 9. Aufrufs endet am 17. April
2012
Am18. Januar, einen Tag nach Abschluß des 8. Anrufs,
startete Aufruf 9. Der Aufruf ist mit einem Gesamtbudget
von 291 Mio. € ausgestattet und schließt am Dienstag,
den 17. April 2012 um 17.00 Uhr. Achtung! Der Anruf wird
nur auf im RP7 Teilnehmerportal und nicht auf CORDIS
veröffentlicht!

-> Weitere aktuelle News

VDI/VDE-IT
Login

**Abbildung 17: Nationale Kontaktstelle Mikrosystemtechnik
Webseite: http://www.nks-mst.de/**

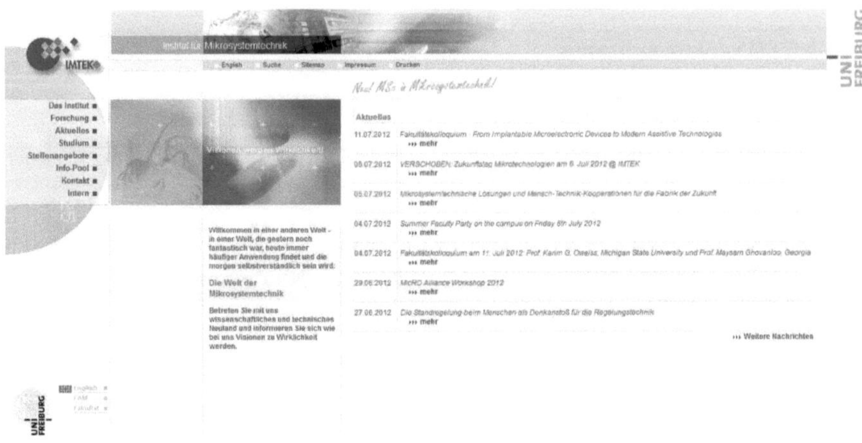

Abbildung 18: Institut für Mikrosystemtechnik (IMTEK) der Universität Freiburg
Webseite: http://www.imtek.de/

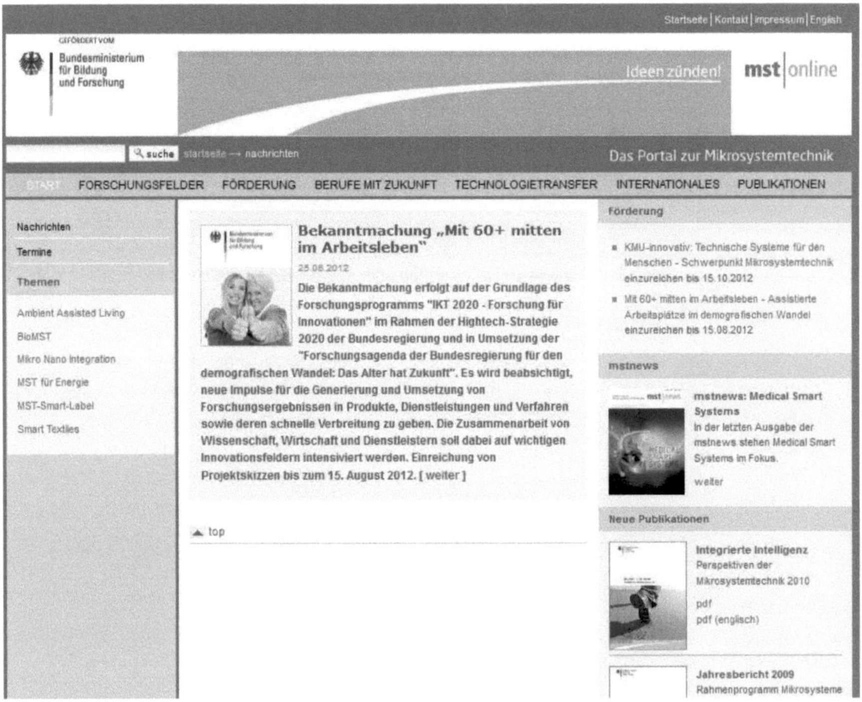

Abbildung 19: Portal zur Mikrosystemtechnik - mst-online
Webseite: http://www.mstonline.de

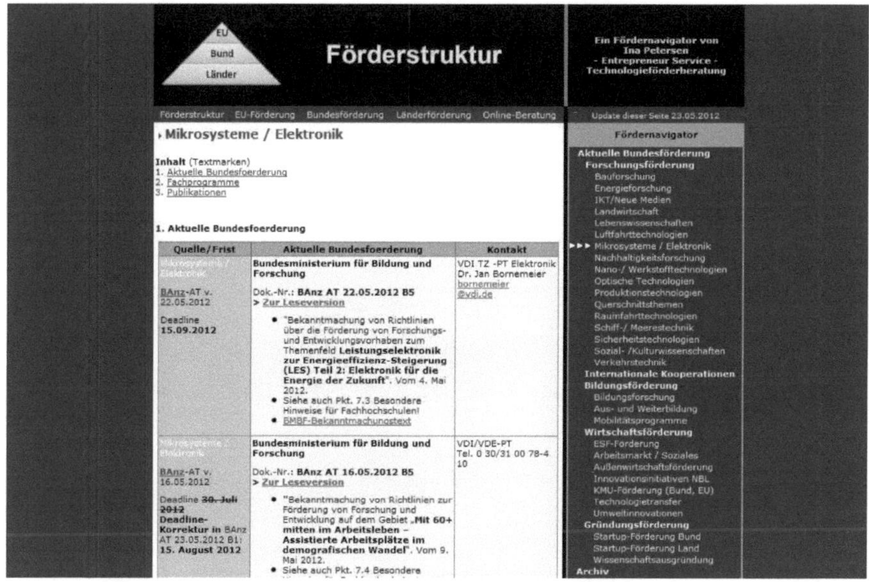

Abbildung 20: Förderstruktur Mikrosystemtechnik
Webseite: http://www.foerderstruktur.de/mikrosystemtechnik.html

Abbildung 21: VDE Fachgesellschaft Mikroelektronik, Mikrosystem und Feinwerktechnik (GMM)
Webseite: http://www.vde.com/de/fg/GMM/Seiten/GMM-Homepage.aspx

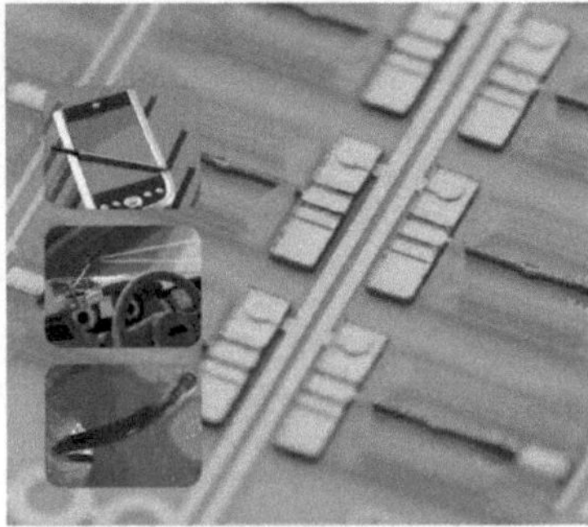

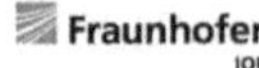
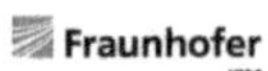

Abbildung 22: Mikrosystemtechnikkongress
Webseite: http://www.mikrosystemtechnik-kongress.de

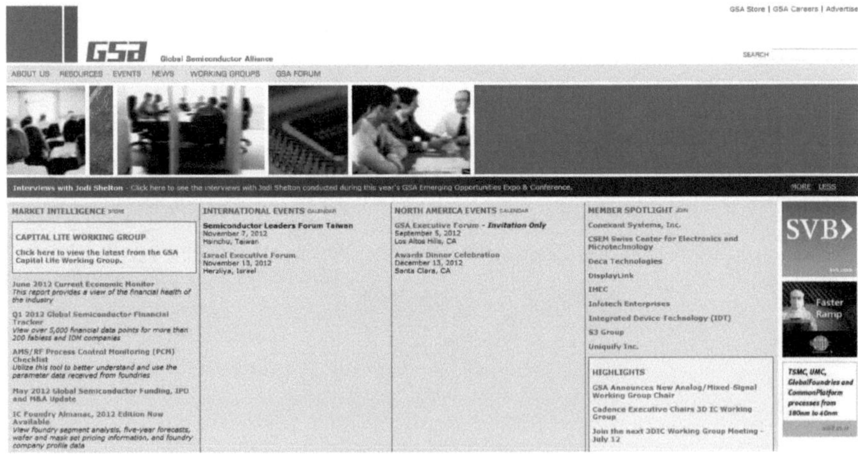

Abbildung 23: Global Semiconductors Alliance (GSA)
Webseite: http://gsaglobal.org/

Abbildung 24: SEMI – Global Network for Semiconductors
Webseite: http://www.semi.org/en/

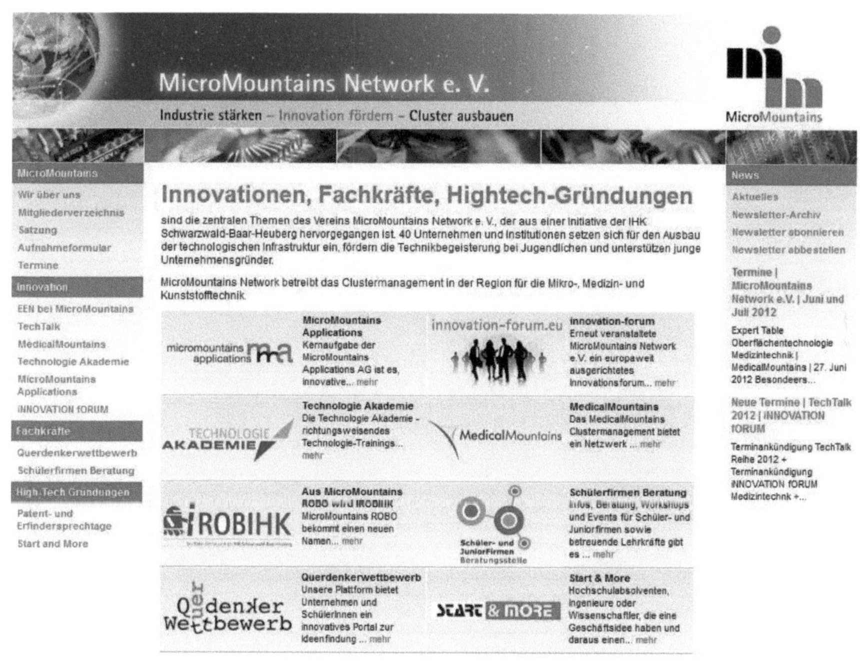

Abbildung 25: Mircomountains – Netzwerk
Webseite: http://www.micromountains.com/

Abbildung 26: Zentrum für Mikroproduktion
Webseite: http://www.mst-niedersachsen.de/

Abbildung 27: Cluster MicroTEC Südwest
http://www.microtec-suedwest.de/

Anhang 5 – Wichtige Player der MST-Branche

Abbildung 28: Intel
Webseite: http://www.intel.de/content/www/de/de/homepage.html

Abbildung 29: Texas Instruments
Webseite: http://www.ti.com/ww/de/?DCMP=TI_Germany&HQS=Other+OT+de

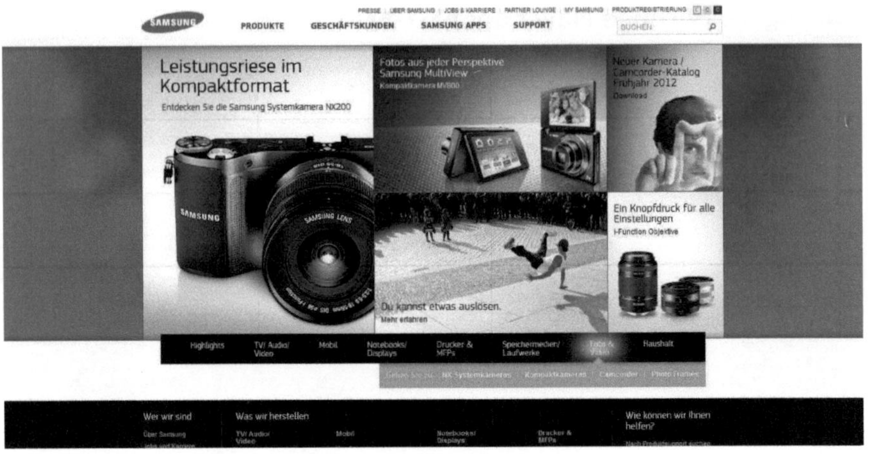

Abbildung 30: Samsung
Webseite: http://www.samsung.com/de/#home-appliances-home

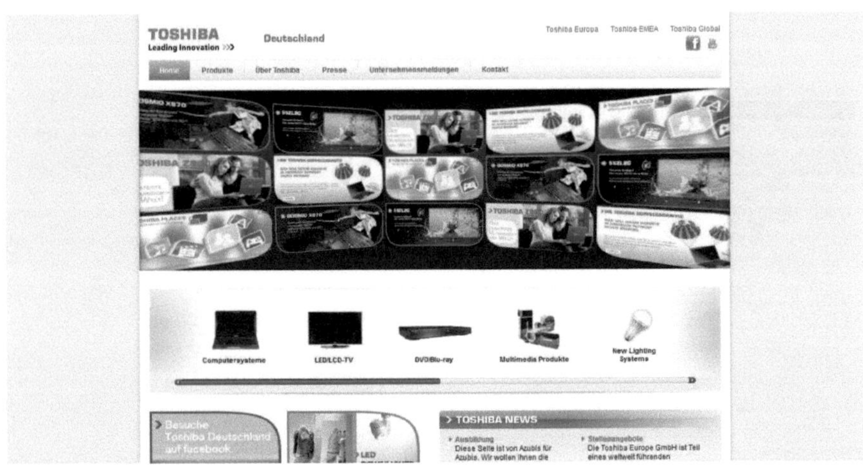

Abbildung 31: Toshiba
Webseite: http://www.toshiba.de/

Anhang 6 – Angebote von Studiengängen zur Mikrosystemtechnik

Abbildung 32: HTW Berlin - Mikrosystemtechnik
http://www.htw-berlin.de/Studium/Studiengaenge/Studiengang.html?courseID=317

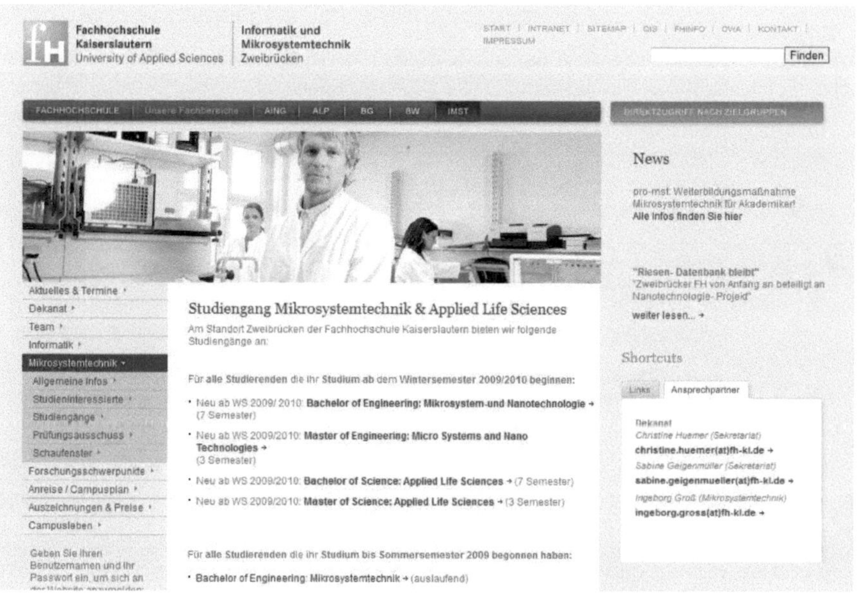

Abbildung 33: Fachhochschule Kaiserslautern - Mikrosystemtechnik & Applied Life Sciences
http://www.fh-kl.de/fachbereiche/imst/mikrosystemtechnik.html

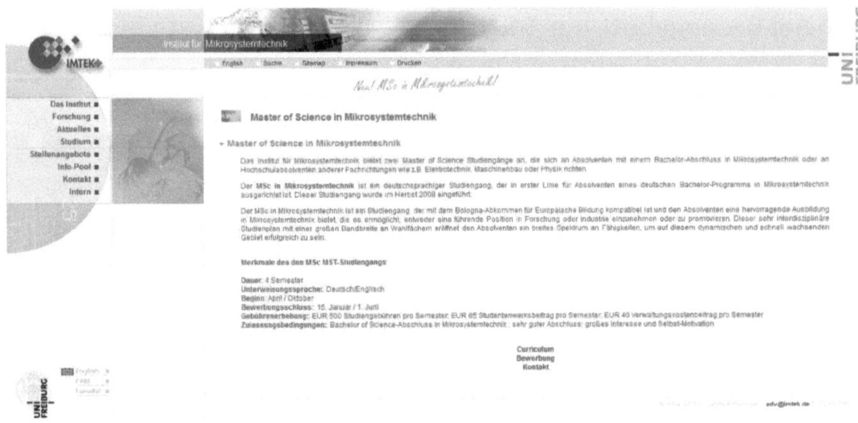

Abbildung 34: IMTEK der Universität Freiburg: Mikrosystemtechnik
http://www.imtek.de/index.php?page=http://www.imtek.de/content/master/msc_mst.php

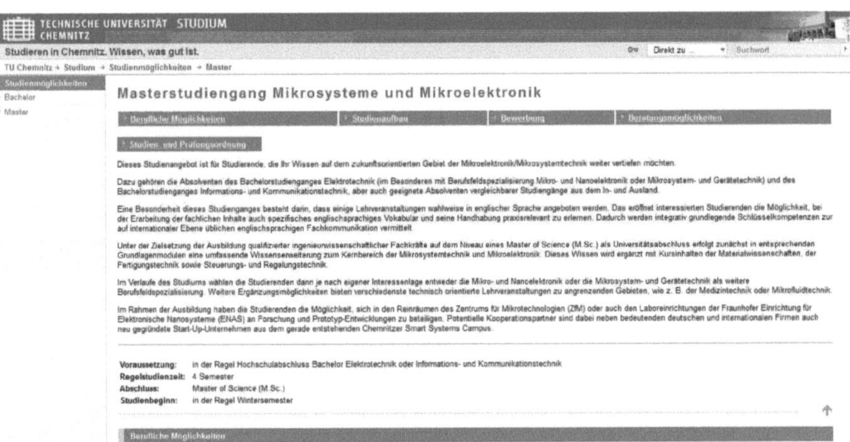

Abbildung 35: TU Chemnitz: Masterstudiengang Mikrosysteme und Mikroelektronik
http://www.tu-chemnitz.de/studium/studiengaenge/master/ma_mikrosysteme.php

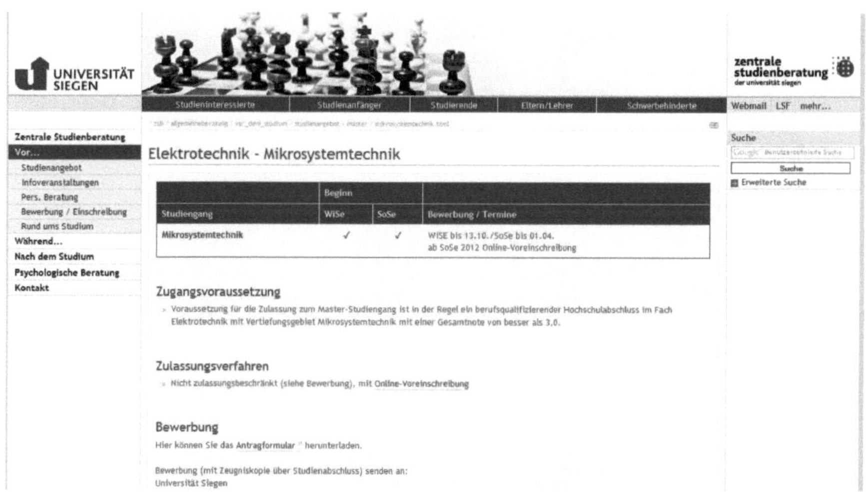

Abbildung 36: Universität Siegen Mikrosystemtechnik
http://www.uni-siegen.de/zsb/allgemeineberatung/vor_dem_studium/studienangebot/master/mikrosystemtechnik.html?lang=de

Anhang 7 – Präsentationsfolien

Abbildung 37: Präsentation MST - Seite 1 - Begrüßungsfolie

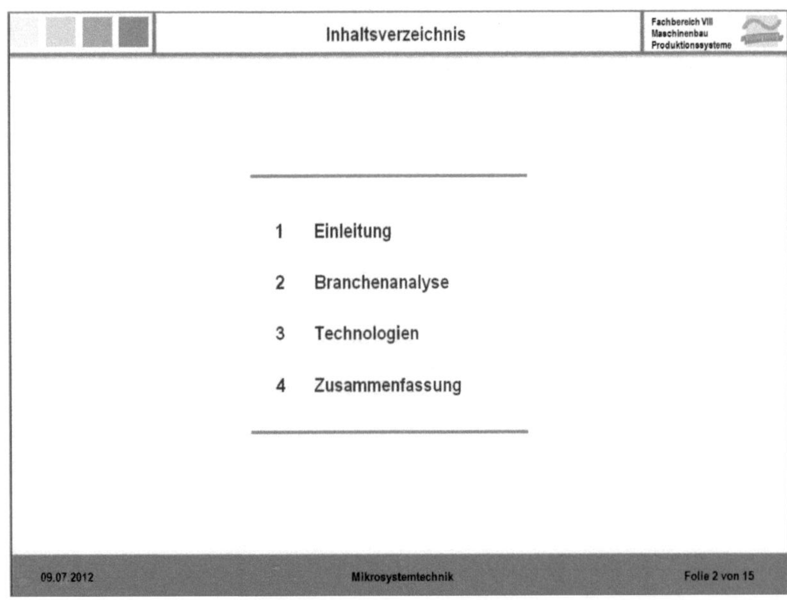

Abbildung 38: Präsentation MST - Seite 2 – Agenda der Präsentation

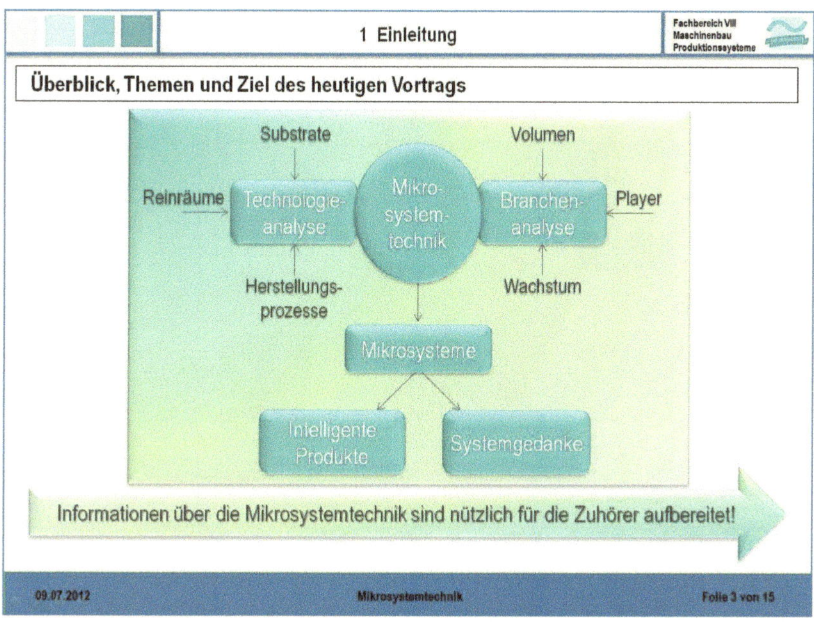

Abbildung 39: Präsentation MST - Seite 3 – Inhalt und Ablauf der Präsentation

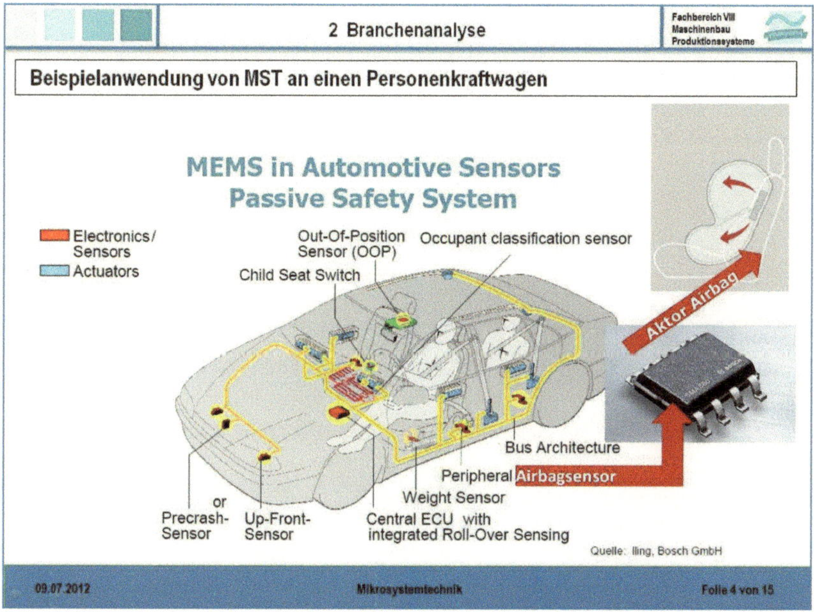

Abbildung 40: Präsentation MST - Seite 4 – Anwendungsbeispiele von MST-Produkten in einem Automobil

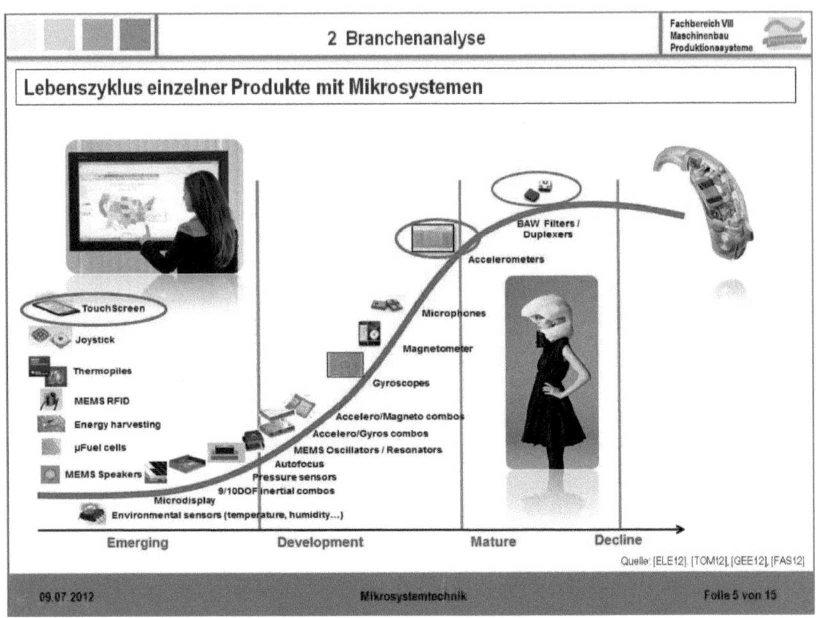

Abbildung 41: Präsentation MST - Seite 5 – Produktlebenszyklen von MST-Produkten

2 Branchenanalyse

Fachbereich VIII
Maschinenbau
Produktionssysteme

Marktvolumen und Marktwachstum der Mikrosystemtechnikbranche

Weltweiter Umsatz/Produktionswert (in Mrd. Euro) mit MST-basierten Produkten differenziert nach Anwendungsmärkten

	2005	2010	2015	2020
Maschinenbau	64,5	77,7	114,2	174,0
Elektronik/ Consumer Electronics	88,9	106,0	147,3	206,6
Automatisierung (MSR)	3,5	4,5	8,6	16,6
Optik/ Photonik	11,2	13,4	19,7	31,8
Automobilindustrie	105,7	123,6	213,9	377,0
Luft- und Raumfahrt	6,9	8,2	10,4	15,8
LifeScience & Medizin/Pharma	19,3	23,9	42,1	88,3
Information und Kommunikation (IuK)	59,5	73,2	93,4	119,2
Textilindustrie	1,1	1,3	1,7	2,5
Kunststoff-/ Chemieindustrie	25,2	29,7	37,9	48,4
Sonstiges	25,1	29,0	32,0	35,3
Gesamtumsatz	410,7	490,4	721,1	1.115,5

Quelle: [ARN11]

09.07.2012   Mikrosystemtechnik   Folie 6 von 15

Abbildung 42: Präsentation MST - Seite 6a - Segmentierung der MST-Weltmarktanteile

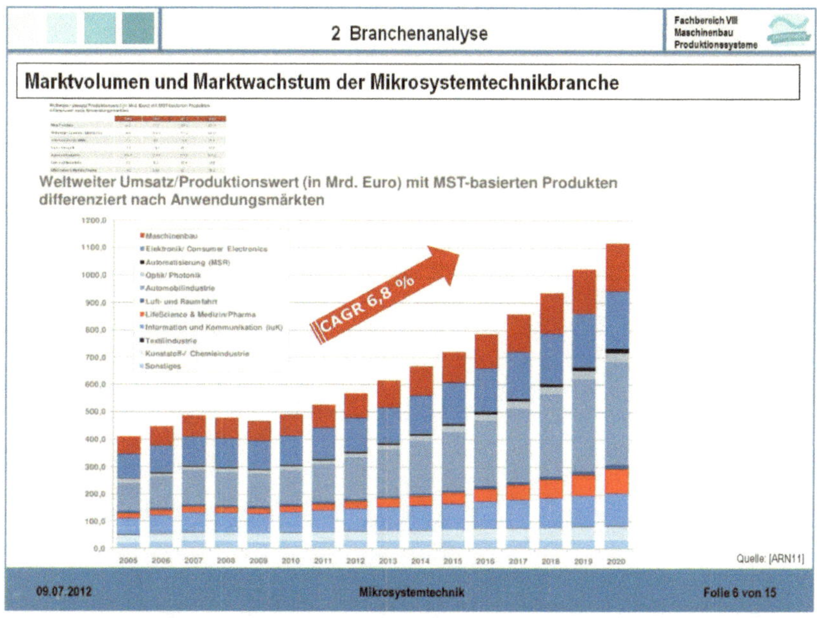

Abbildung 43: Präsentation MST - Seite 6b – Weltweite Marktentwicklung der MST-Branche

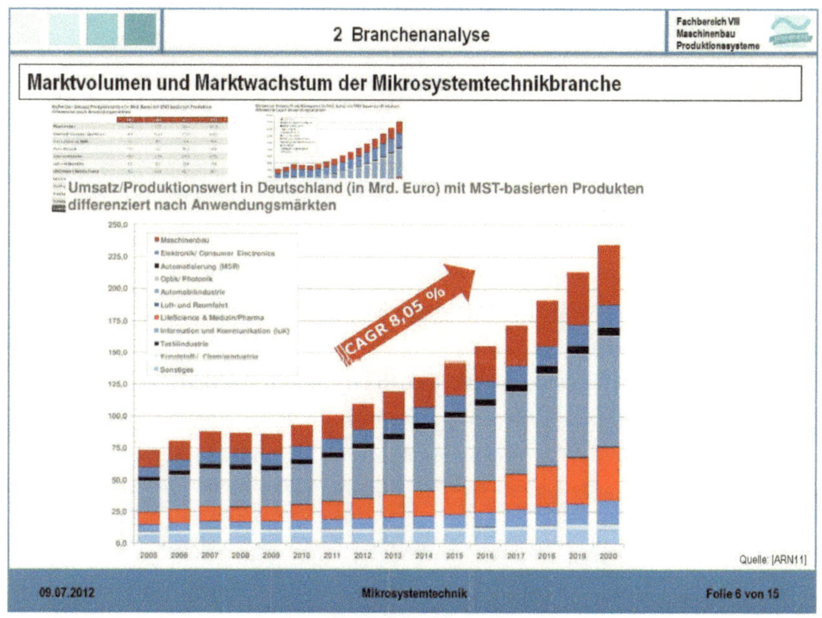

Abbildung 44: Präsentation MST - Seite 6c - Deutschlandweite Marktentwicklung der MST-Branche

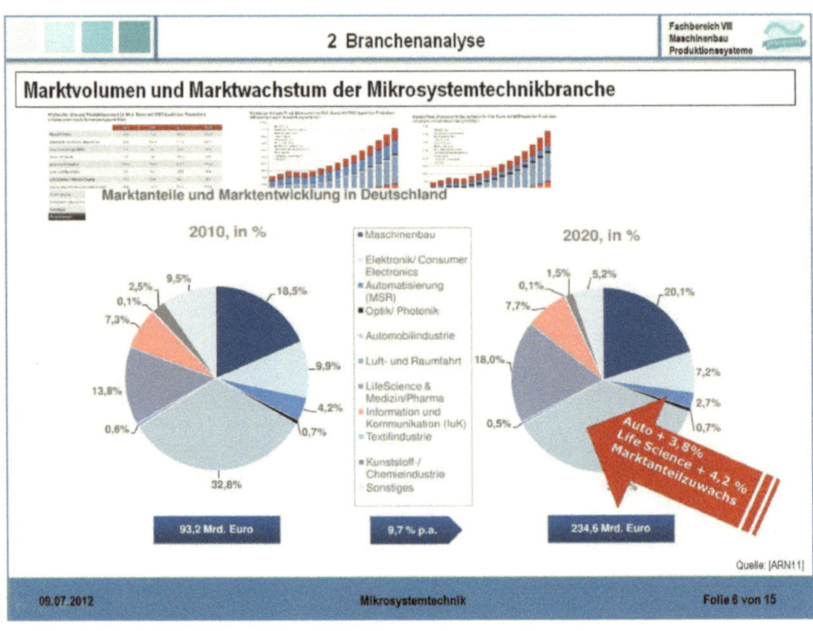

Abbildung 45: Präsentation MST - Seite 6d – Prognose der MST-Marktanteilentwicklung

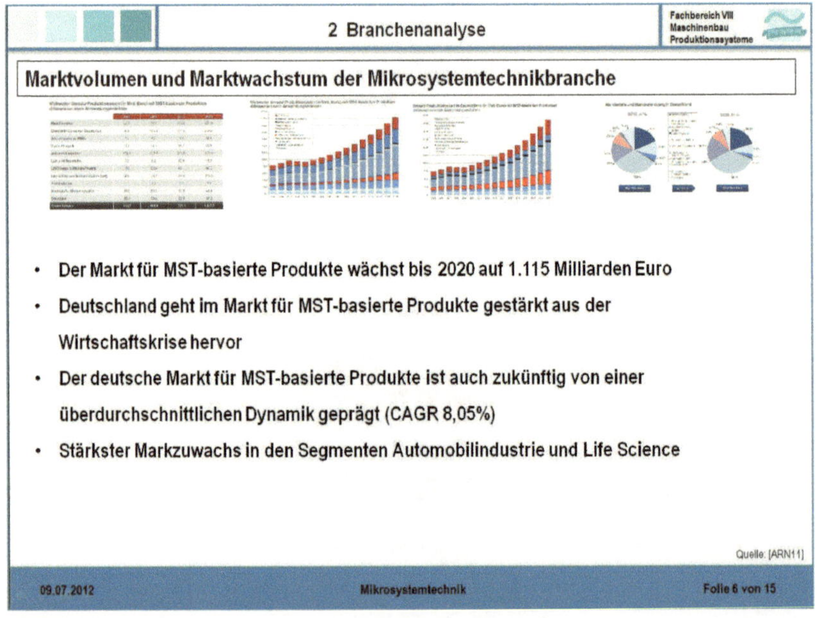

- Der Markt für MST-basierte Produkte wächst bis 2020 auf 1.115 Milliarden Euro
- Deutschland geht im Markt für MST-basierte Produkte gestärkt aus der Wirtschaftskrise hervor
- Der deutsche Markt für MST-basierte Produkte ist auch zukünftig von einer überdurchschnittlichen Dynamik geprägt (CAGR 8,05%)
- Stärkster Markzuwachs in den Segmenten Automobilindustrie und Life Science

Abbildung 46: Präsentation MST - Seite 6e – Zusammenfassung Marktvolumen und –wachstum der MST-Branche

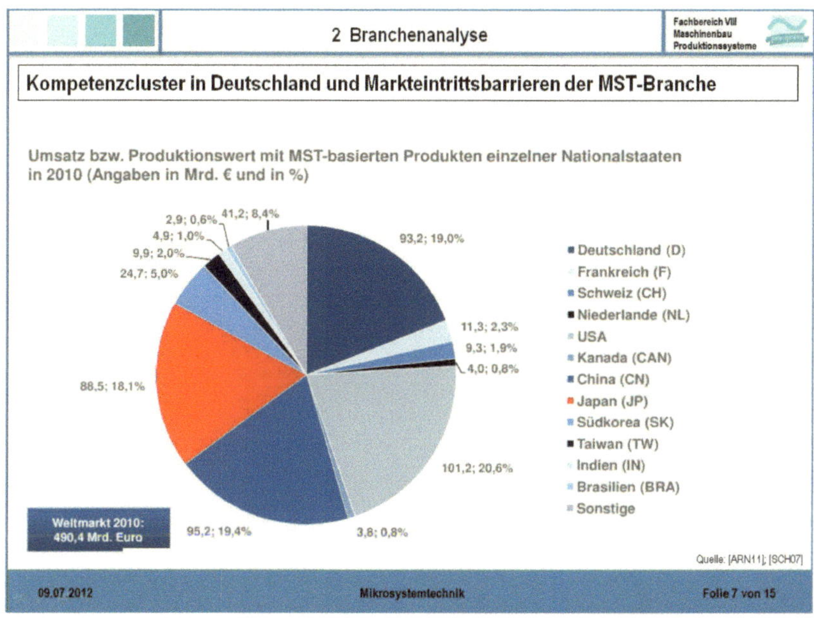

Abbildung 47: Präsentation MST - Seite 7a – MST-Marktvolumina der Nationalstaaten

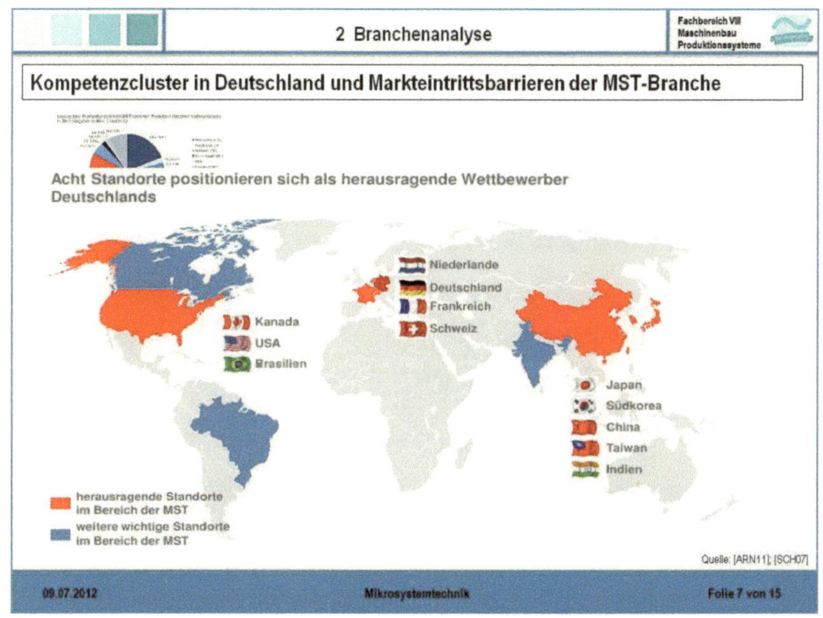

Abbildung 48: Präsentation MST - Seite 7b – Nationale Player der MST-Branche

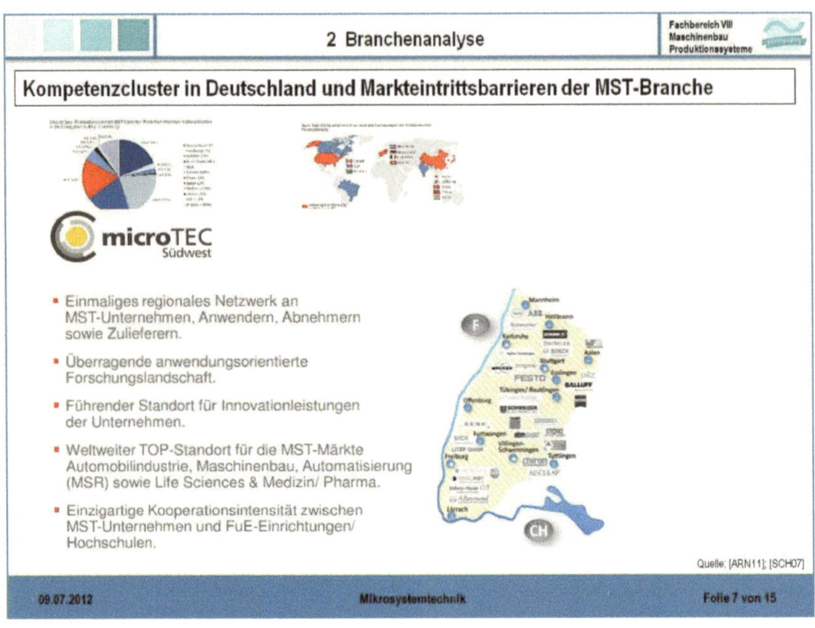

Abbildung 49: Präsentation MST - Seite 7c – Das Kompetenzcluster microTEC Südwest

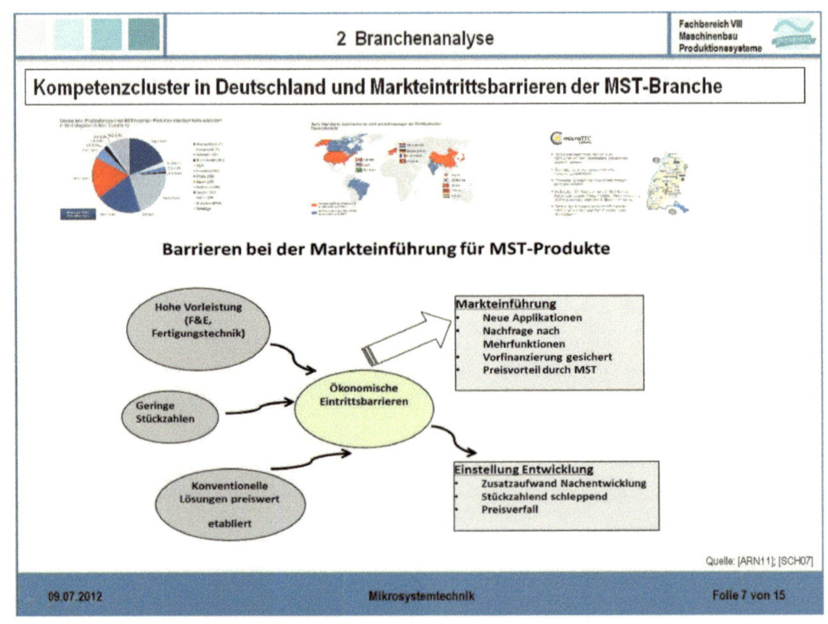

Abbildung 50: Präsentation MST - Seite 7d – Markteintrittsbarrieren für MST-Produkte

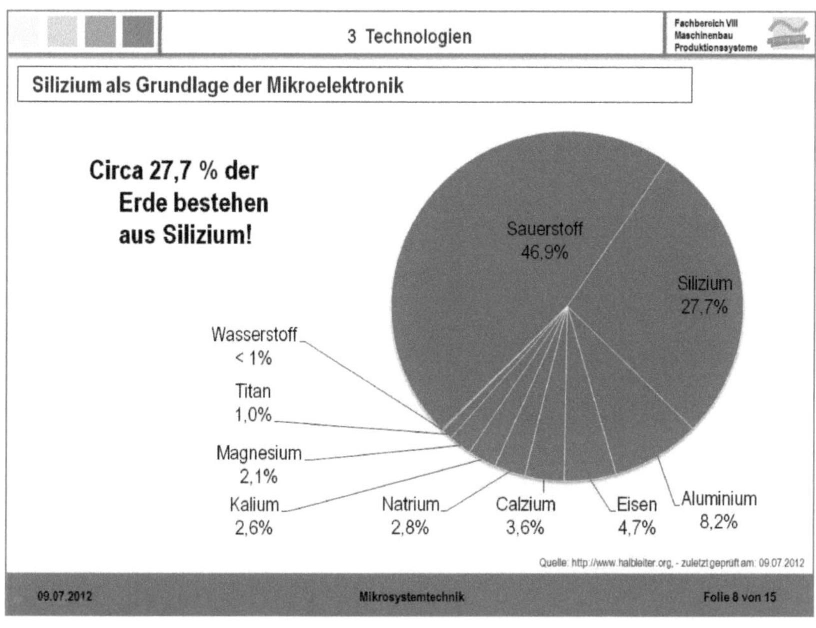

Abbildung 51: Präsentation MST - Seite 8 – Das Element Silizium als Rohstoff für die MST

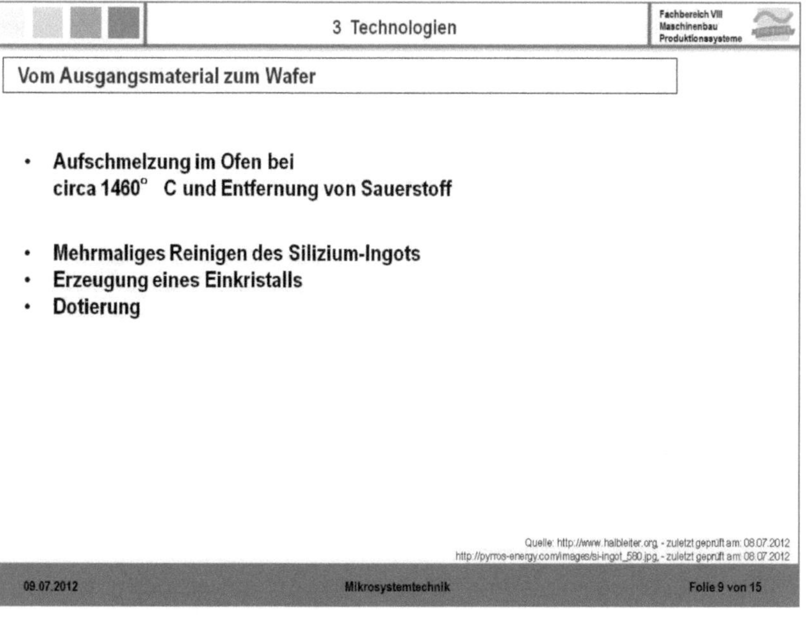

Abbildung 52: Präsentation MST - Seite 9a – Herstellen von Ingots

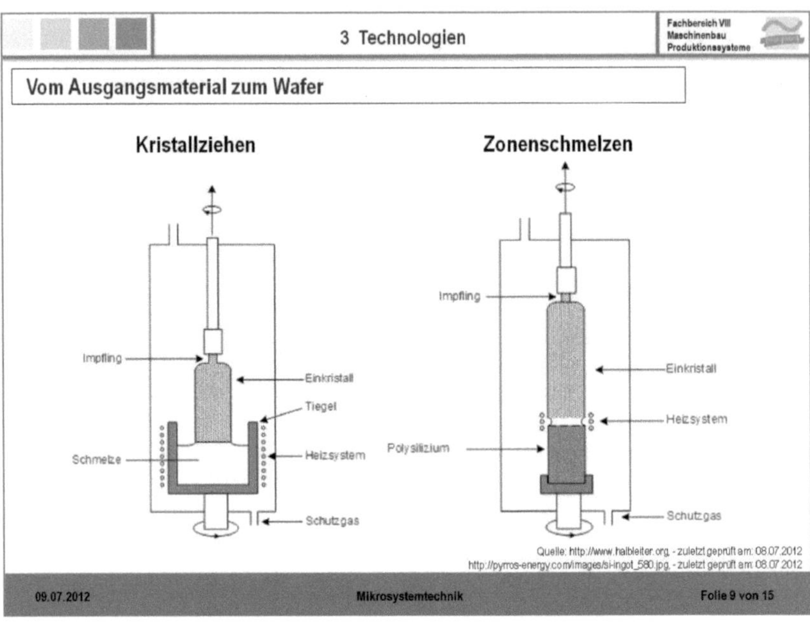

Abbildung 53: Präsentation MST - Seite 9b – Herstellen von Ingots

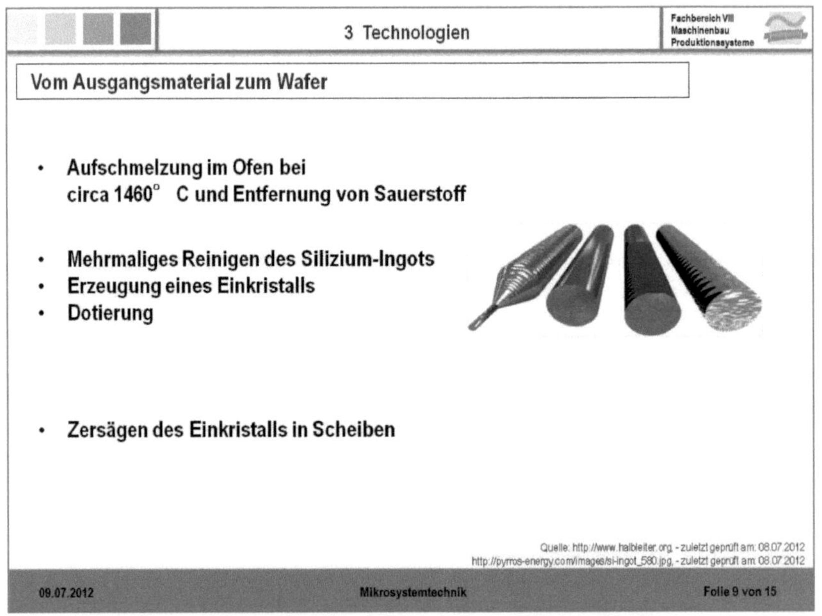

Abbildung 54: Präsentation MST - Seite 9c – Herstellen von Wafern

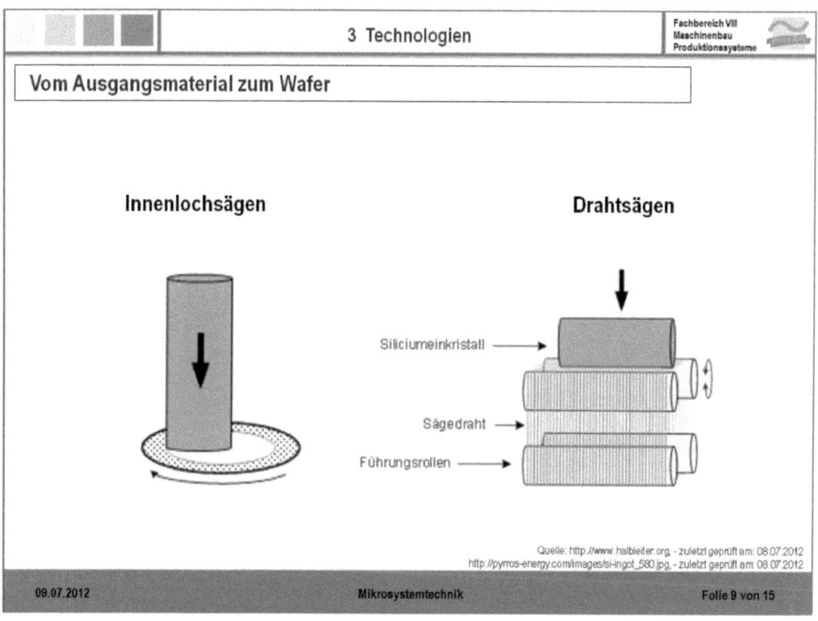

Abbildung 55: Präsentation MST - Seite 9d – Herstellen von Wafern

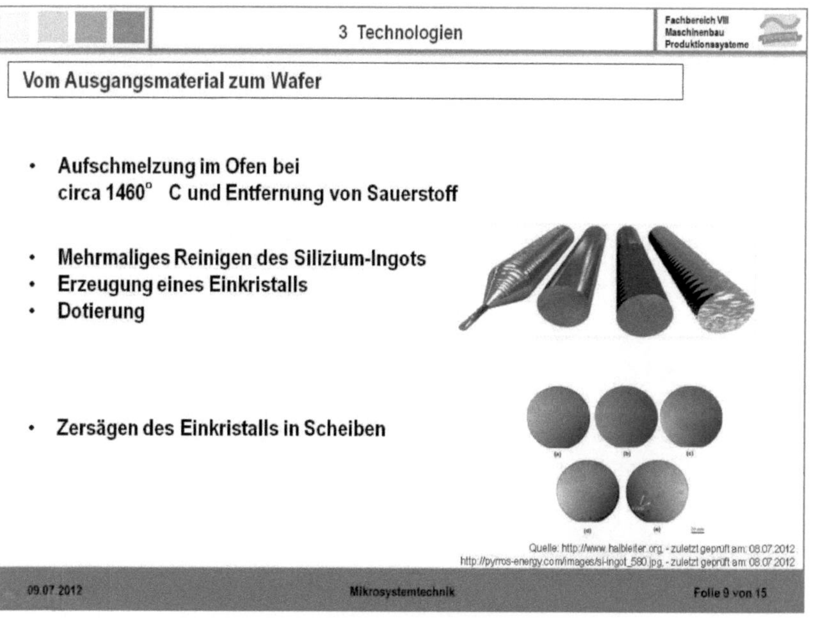

Abbildung 56: Präsentation MST - Seite 9e – Herstellen von Wafern

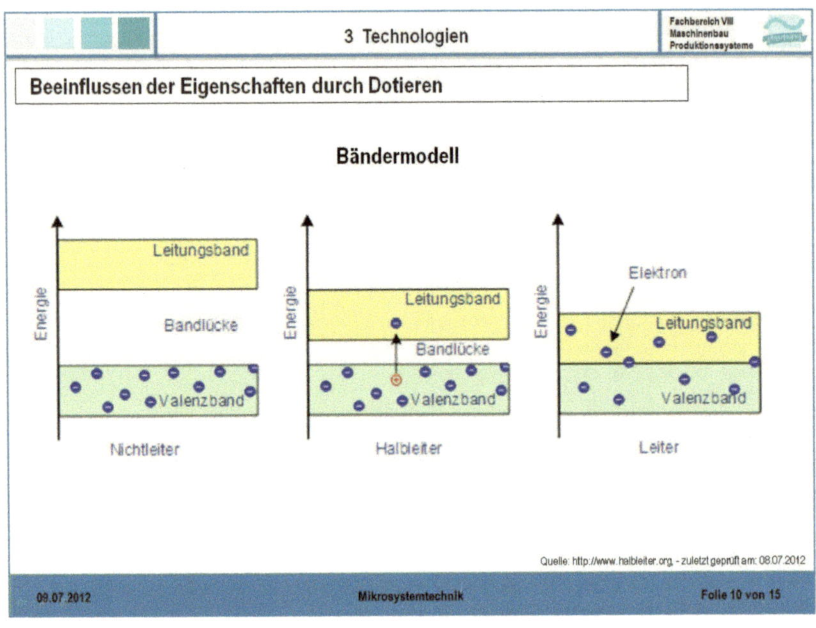

Abbildung 57: Präsentation MST - Seite 10a – Dotieren von Halbleitern

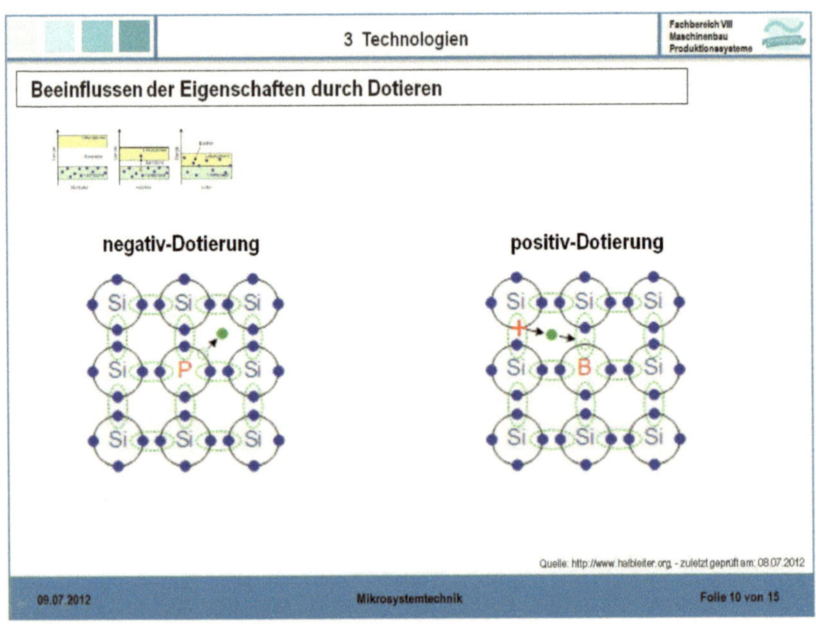

Abbildung 58: Präsentation MST - Seite 10b – Dotieren von Halbleitern

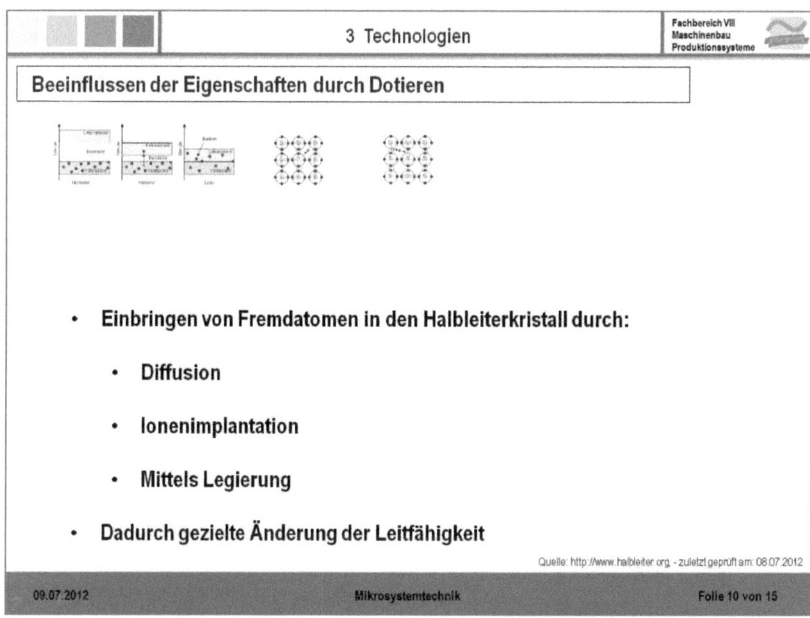

Abbildung 59: Präsentation MST - Seite 10c – Dotieren von Halbleitern

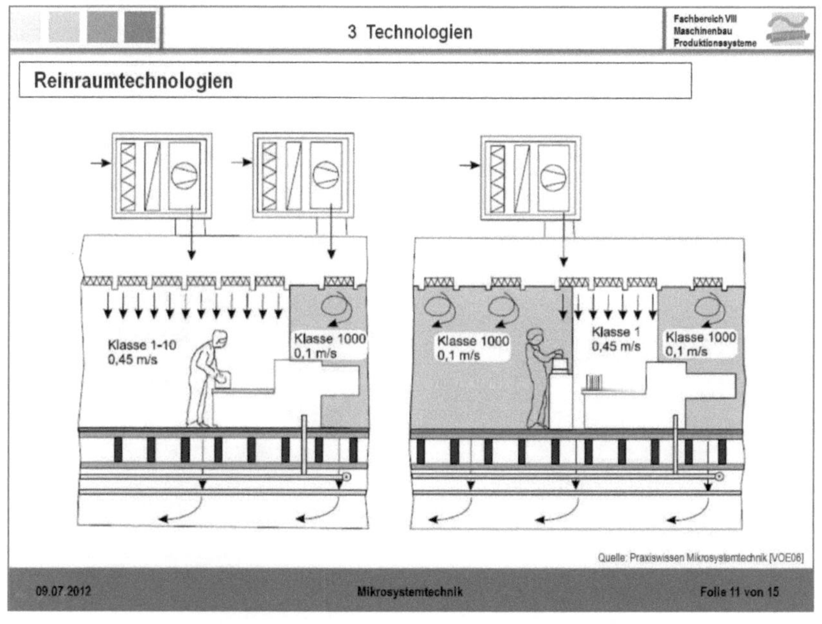

Abbildung 60: Präsentation MST - Seite 11 - Reinraumtechnologien

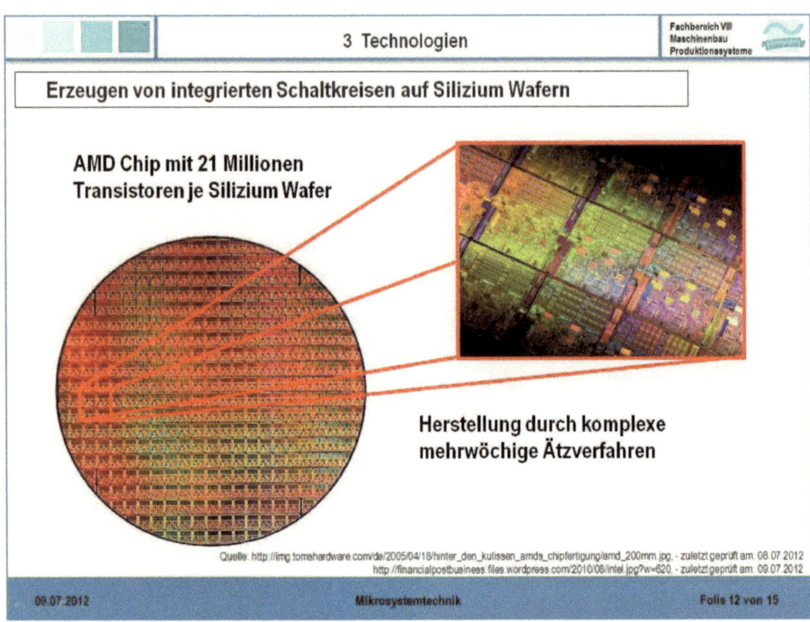

Abbildung 61: Präsentation MST - Seite 12 – IC-Herstellung auf Si-Wafern

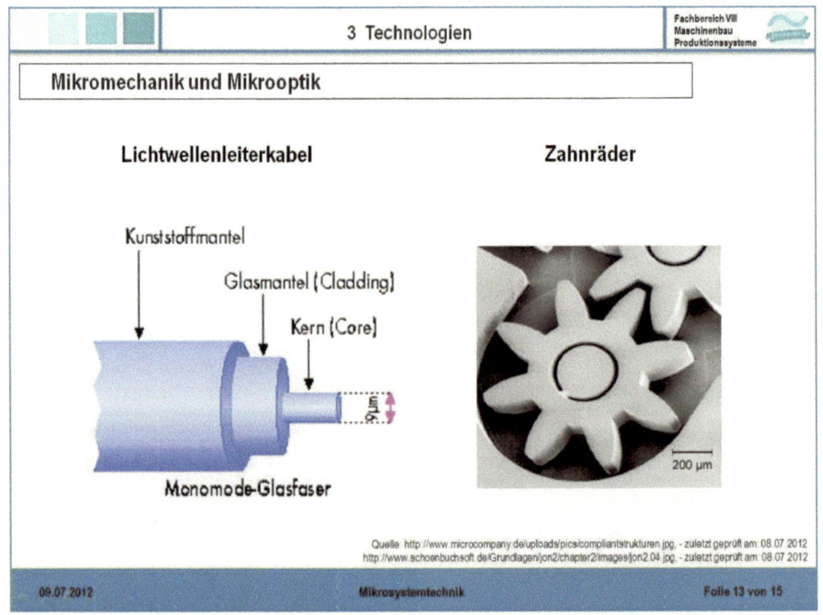

Abbildung 62: Präsentation MST - Seite 13 – Beispiele für Mikromechanik und Mikrooptik

Abbildung 63: Präsentation MST - Seite 14 - Zusammenfassung

Abbildung 64: Präsentation MST - Seite 15 – Kontaktdaten der Autoren